土木建筑大类专业系列新形态教材

园林工程预决算

朱晓强　王　康▣主　编

清华大学出版社
北京

内 容 简 介

本书系统介绍了园林工程招投标、园林工程清单计价,主要内容有认识园林工程预决算、园林工程招投标实务、园林工程量计算、园林工程量清单编制、园林工程量清单计价、计算机预算软件的运用、园林工程结算与竣工决算等。本书依据《园林绿化工程工程量计算规范》(GB 50858—2013)和地方园林计价定额,结合现行文件和计价方法编写而成。本书知识结构完整,配有大量的例题和实际工程案例,通俗易懂,具有较强的指导性、实用性和可操作性。

本书既可作为职业院校、成人高校园林工程技术、园林技术、风景园林设计、环境艺术设计等专业的教学用书,也可作为园林企业职工的职业培训用书。

图书在版编目(CIP)数据

园林工程预决算 / 朱晓强,王康主编. —北京:清华大学出版社, 2024.3
土木建筑大类专业系列新形态教材
ISBN 978-7-302-65864-1

Ⅰ.①园… Ⅱ.①朱…②王… Ⅲ.①园林—工程施工—建筑经济定额—教材 Ⅳ.① TU986.3

中国国家版本馆 CIP 数据核字(2024)第 064857 号

责任编辑:杜　晓
封面设计:曹　来
责任校对:刘　静
责任印制:丛怀宇

出版发行:清华大学出版社
　　　网　　　址:https://www.tup.com.cn,https://www.wqxuetang.com
　　　地　　　址:北京清华大学学研大厦 A 座　　　　邮　　编:100084
　　　社 总 机:010-83470000　　　　　　　　　　邮　　购:010-62786544
　　　投稿与读者服务:010-62776969, c-service@tup.tsinghua.edu.cn
　　　质量反馈:010-62772015, zhiliang@tup.tsinghua.edu.cn
　　　课件下载:https://www.tup.com.cn, 010-83470410
印 装 者:三河市龙大印装有限公司
经　　销:全国新华书店
开　　本:185mm×260mm　　印　　张:11.75　　　　字　　数:237 千字
版　　次:2024 年 3 月第 1 版　　　　　　　　　　印　　次:2024 年 3 月第 1 次印刷
定　　价:45.00 元

产品编号:105261-01

本书编写人员名单

主　编：朱晓强（江苏城乡建设职业学院）

王　康（江苏城乡建设职业学院）

副主编：章志红（江苏城乡建设职业学院）

孙天舒（江苏城乡建设职业学院）

参　编：张叶新（江苏城乡建设职业学院）

王永亮（江苏城乡建设职业学院）

刘晓霞（江苏城乡建设职业学院）

段苏微（江苏城乡建设职业学院）

付麟岚（江苏城乡建设职业学院）

沈　静（江苏家博园艺景观有限公司）

李昌贤（江苏城乡建设职业学院）

任淑年（淮安生物工程高等职业学校）

前　言

　　"园林工程预决算"是高职园林工程技术、园林技术等专业中的一门必修的专业课程，以培养学生园林工程建设项目全方位的计量和计价能力为目标。本书根据园林工程技术专业培养目标、培养方案和课程标准的内容要求及部分地区园林工程计价定额、取费定额和相关现行计价规范文件编写。

　　本书在编写过程中，既注重基本理论知识的阐述，又兼顾实例应用的讲解，同时还考虑到新知识点的补充，突出项目载体、任务引领、产教结合、理实一体、证教融合等改革动向，采用图文并茂、图表结合的形式，便于广大读者理解、掌握和应用。

　　首先，本书在研究高职学生现状的基础上，尽可能做到由浅入深、通俗易懂。本书编写过程中对内容、练习、图例进行认真地遴选，并及时吸收新政策、法律、法规和规范，使本书更好地成为教与学的良师。

　　其次，理论与实践相结合，重视实践教学内容，注重学生的实用技能培养。本书除了必要的理论教学外，结合当前园林工程预决算的实际情况，增加了案例的编写。通过案例的教学来培养学生进行预决算的基本技能，以便学生能更快地适应社会岗位的需要。

　　再次，本书的编写人员有长期从事高职高专园林工程预决算课程教学的一线教师，还有长期从事园林工程预决算工作的技术人员和管理人员。因此，本书更贴近实际工作，更有利于学生对园林工程预决算的基本技能的掌握和运用。

　　最后，本书力求反映园林工程造价领域的科技信息，体现本课程知识的先进性。

　　本书由朱晓强、王康担任主编，具体编写分工如下：项目1由朱晓强、章志红、孙天舒编写；项目2由王康、张叶新、王永亮编写；项目3由朱晓强、刘晓霞、沈静编写；项目4由王康、段苏微、任淑年编写；

项目 5 由朱晓强、王康、沈静编写；项目 6 由朱晓强、沈静、孙天舒编写；项目 7 由朱晓强、付麟岚、李昌贤编写。朱晓强负责全书的统稿工作，王康在全书的校对等方面做了大量工作。

本书在编写过程中，参考了有关同仁的著作、资料和图纸，已列入了参考文献，在此向有关作者和同仁表示谢意。由于编写经验不足，加上编者水平和条件有限，本书难免存在不足之处，欢迎读者提出宝贵意见，以便我们不断改进。

编　者

2024 年 1 月

目 录

项目1 认识园林工程预决算

知识目标

1. 理解园林工程概预算的概念、作用和分类，了解园林工程概预算编制的依据和程序，系统掌握园林工程概预算方面的基本知识。

2. 掌握园林工程特点和建设程序。

3. 掌握园林工程造价特点和计价方法。

4. 理解工程定额的概念和特性；掌握园林预算定额的组成内容；了解园林工程概算定额和概算指标，掌握运用概算定额和概算指标进行工程概算和设计概算的基本方法。

5. 了解园林工程工程量清单计价的内容。

能力目标

能进行园林工程的设计概算、施工图预算、施工预算和竣工决算的准确分类。

1.1 课程定位与学习目标

1.1.1 课程的重要性

园林工程预决算是园林工程技术专业的核心课程之一，将园林学、造价学和经济管理学融于一体，具体研究园林工程招投标、工程量清单的编制与计价、工程量的计算规则与应用、施工图预算与清单计价的编制等。通过学习本课程，学生能够全面了解或掌握园林工程招投标与预决算的基本知识和技能，为未来的职业发展打下坚实的基础。

1.1.2 课程与职业发展的关系

园林工程预决算作为一个专业技术领域，与园林工程师的职业发展密切相关。掌握该领域的知识和技能将使学生在园林工程领域更有竞争力，并能在未来的职业发展中争取到更多的机会。本课程旨在培养学生在园林工程招投标与预决算方面的专业素养，使其成为合格的园林工程专业人才。

1.1.3　学习目标的设定

1. 素质目标

具备信息收集、交换能力，具备团队合作和组织协调能力。

2. 知识目标

（1）掌握园林绿化工程工程量计算规范的内容。

（2）掌握园林工程中绿化工程、园路、园桥假山等工程量的计算方法。

（3）掌握园林绿化工程造价的计价程序，以及编制经济标与技术标的方法。

3. 能力目标

（1）能够根据图纸快速准确地计算工程量。

（2）能编制园林工程量清单，并通过计价表查询定额或综合单价等。

（3）能结合园林绿化工程造价计算程序和相关取费标准计算园林绿化工程的组价。

（4）能结合招标文件的内容和要求编制园林工程投标书（技术标和经济标）。

1.2　课程对应的职业资格

1.2.1　建设工程造价员

建设工程造价员（以下简称"造价员"）是指经过统一考试合格，取得《全国建设工程造价员资格证书》（以下简称"造价员资格证"），从事建设工程造价业务活动的人员。造价员资格分为土建、安装、市政、装饰等专业，每个专业设初级、中级、高级三个等级。取得造价员初、中级水平资格证须通过统一考试。一个人可同时报考两个专业，但土建和安装专业、市政和装饰专业不能兼报。造价员资格考试一般每两年举行一次。考试科目为《工程造价基础知识》和《工程计量与计价实务》（分土建装饰、安装、市政三个专业）两个。高级水平资格认定需实行考评制，通过本人申请、单位推荐、案例考试合格、造价业绩突出、经高级造价员评审委员会认定相结合的方式进行。

造价员应遵守国家法律、法规和行业技术规范，维护国家和社会公共利益，恪守职业道德，诚实守信保证工程造价业务文件的质量，接受工程造价管理机构的从业行为检查。造价员应受聘于一个工作单位，在本人承担的相关专业工程造价业务文件上签名和盖造价员专用章，并承担相应的岗位责任。不同级别造价员只能从事以下与专业水平相符合的工程造价业务。

（1）高级水平：可以从事各类建设项目的相关专业工程造价的编制、审核和控制。

（2）中级水平：可以从事工程造价 5 000 万元人民币以下建设项目的相关专业工程造

价编制、审核和控制。

（3）初级水平：可以从事工程造价 1 500 万元人民币以下建设项目的相关专业工程造价编制。

1.2.2　注册造价工程师

注册造价工程师是指通过全国造价工程师执业资格统一考试或者资格认定、资格互认，取得中华人民共和国造价工程师执业资格，并按照本办法注册，取得中华人民共和国造价工程师注册执业证书和执业印章，从事工程造价活动的专业人员。

1996 年，依据《人事部、建设部关于印发〈造价工程师执业资格制度暂行规定〉的通知》（人发〔1996〕77 号），国家开始实施造价工程师执业资格制度。1998 年 1 月，人事部、建设部下发了《人事部、建设部关于实施造价工程师执业资格考试有关问题的通知》（人发〔1998〕8 号），并于当年首次在全国实施了造价工程师执业资格考试。报考科目为"工程造价管理基础理论与相关法规"（100 分）、"工程造价计价与控制"（120 分）、"建设工程技术与计量"（100 分）（分土建和安装两个专业，考生可根据工作实际选报其一）、"工程造价案例分析"（140 分）四门。全国造价工程师执业资格考试由中华人民共和国住房和城乡建设部与中华人民共和国人力资源和社会保障部共同组织，考试每年举行一次。

2006 年 12 月 25 日，建设部发布了《注册造价工程师管理办法》（建设部令第 150 号）自 2007 年 3 月 1 日起施行，2000 年 1 月 21 日发布的《造价工程师注册管理办法》（建设部令第 75 号）同时废止。新办法规定了注册造价工程师执业范围，包括以下几方面。

（1）建设项目建议书、可行性研究投资等的编制和审核，项目经济评价，工程概算、预算、结算、竣工决算的编制和审核。

（2）工程量清单、标底（或者控制价）、投标报价的编制和审核，工程合同价款的签订及变更、调整、工程款支付与工程索赔费用的计算。

（3）建设项目管理过程中设计方案的优化、限额设计等工程造价分析与控制，工程保险理赔的核查。

（4）工程经济纠纷的鉴定。

拥有相关的职业资格将对个人的就业和职业发展产生积极影响，能够提升个人竞争力，获得职业发展机会。学生在学习本课程期间，可以了解不同职业资格的要求和取得途径，为将来获得相关资格做好准备。

1.3 建设工程招投标

建设工程招投标是园林工程领域中一个重要的环节，涉及项目的选择、合同的签订以及承包商的选拔。本节将介绍建设工程招投标概念、招投标主体、招标方式和招投标程序。

1.3.1 建设工程招投标概念

建设工程招投标是指由建设单位或委托的招标代理机构，通过发布招标公告，邀请具备相应资质和条件的承包商参与竞争，最终选择合适的承包商进行工程的实施。

1.3.2 招投标主体

在建设工程招投标过程中，主要涉及以下主体。

（1）建设单位：负责规划和组织建设工程的实施，并发布招标公告，承担项目的经济、技术和法律责任。

（2）招标代理机构：由建设单位委托负责组织和管理招投标活动，包括编制招标文件、发布招标公告、组织评标等。

（3）承包商：参与招标竞争，提供相关资料和报价，并最终与建设单位签订合同，承担工程实施的责任。

1.3.3 招标方式

建设工程招标可以采用不同的方式，常见的招标方式包括以下几种。

（1）公开招标：通过公开发布招标公告，任何符合资格条件的承包商都可以参与竞争。

（2）邀请招标：建设单位邀请特定的承包商参与竞争，要求其提供投标文件和报价。

（3）议标招标：在招标过程中，建设单位与承包商进行一系列谈判和协商，最终确定合同条件。

1.3.4 招投标程序

建设工程招投标一般包括以下基本程序。

（1）招标准备阶段：建设单位确定招标方式和条件，编制招标文件，发布招标公告，组织预审等。

（2）投标阶段：承包商购买招标文件，提交投标文件，包括技术方案、报价等。

（3）评标阶段：招标代理机构组织评标委员会对投标文件进行评审，评选出中标候选人。

（4）中标和合同签订：建设单位与中标候选人进行商务谈判，最终确定合同条件，并签订合同。

1.4　园林工程预决算

1.4.1　基本建设程序

1. 基本建设程序的概念

基本建设程序是指建设项目从策划、评估、决策、设计、施工到竣工验收、投入生产或交付使用的整个建设过程中各项工作必须遵守的先后顺序。按照建设项目发展的内在联系和发展过程，将建设项目分成投资决策、建设实施、生产运营和总结评价四个发展阶段，这些发展阶段有严格的先后次序。

2. 基本建设程序的内容和步骤

1）编制项目建议书

项目建议书是建设某一具体项目的建议文件。项目建议书是工程建设程序最初阶段的工作，业主根据区域发展和行业发展规划要求，结合各项目自然资源、生产力状况和市场预测等，经过调查分析，说明拟建项目建设的必要性、条件的可行性、获利的可能性，而提出的立项建议书。

2）进行可行性研究

项目建议书一经批准，即可着手进行可行性研究，在现场调研的基础上，提出可行性研究报告。可行性研究是运用多种科研成果，在建设项目投资决策前进行技术经济论证，以保证取得最佳经济效益。可行性研究是项目前期工作中最重要的一项工作。

3）编制计划任务书

计划任务书是根据可行性研究的结果向主管机关呈报的立项报批的文件，是确定建设项目规模、编制设计文件、列入国家基本建设计划的依据。计划任务书应包括规划依据、建设目的、工程规模、地址选择、主要项目、平面布置、设计要求、资金筹措、工程效益、项目组织管理等主要内容。

4）编制设计文件

计划任务书批准后，经地方规划部门划定施工线后，方可开始进行勘测设计。设计文件一般由主管部门或建设单位委托设计单位编制。一般建设项目设计分为三阶段设计和两阶段设计两种。

（1）三阶段设计：初步设计（编制初步设计概算）、技术设计（编制修正概算）、施工图设计（编制施工图预算），适用于技术复杂且缺乏经验的大中型项目。

（2）两阶段设计：初步设计、施工图设计，适用于一般小型项目。

一般项目采用两阶段设计，有的小型项目可直接进行施工图设计。

5）建设准备

建设准备主要内容有征地、拆迁、场地平整，施工用水、电、路准备工作，组织设备、材料订货，准备招标文件和必要的施工图纸，组织施工招标。

6）建设实施

建设实施前须取得当地建设主管部门颁发的施工许可证方可正式施工。一般情况下，合理的园林工程建设施工程序为：整地→安装给水排水→修建园林建筑→铺装广场、道路→大树移植→种植树木→种植草坪→达到竣工验收标准后，由施工单位移交给建设单位。

7）竣工验收、交付使用

建设项目按批准的设计文件所规定的内容建完后，便可以组织勘察、设计、施工、监理等有关单位参加竣工验收。验收合格后，施工单位应向建设单位办理竣工移交和竣工结算手续，并把项目交付建设单位使用。

8）工程项目后评价

工程项目后评价是指工程建设完成并投入生产或使用之后所进行的总结性评价。

1.4.2 园林工程预决算的概念、意义及作用

1. 园林工程预决算的概念

园林工程预决算是确定园林工程项目造价的依据，贯穿工程项目全程，是园林工程建设中不可缺少的工作。所谓的园林工程预决算，是指在工程建设过程中，根据不同设计阶段设计文件的具体内容和有关定额、指标及取费标准，预先计算和确定建设项目的全部工程费用的技术经济文件。

2. 园林工程预决算的意义

园林工程预决算贯穿园林建设项目的全过程，包括从筹建到竣工验收的全部费用，认真做好预决算是关系到合理组织施工、按时按质量完成建设任务的重要环节，同时又是对园林工程建设进行财政监督、审计的重要依据，因此做好园林工程预决算工作有着深远意义。

（1）园林工程预决算是确定园林建设工程造价的依据。

（2）园林工程预决算为实施工程招标、投标和双方签订施工合同提供依据和保证。

（3）园林工程预决算是掌握园林建设投资金额，办理拨付工程款、办理贷款的依据。

（4）园林工程预决算是园林施工企业生产管理、编制施工组织计划、统计工程量的依据。

（5）园林工程预决算是施工企业核算工程成本的依据。

（6）园林工程预决算是设计单位对设计方案进行技术经济分析比较的依据。

（7）园林工程预决算是办理工程竣工结算的依据。

3. 园林工程预决算的作用

园林工程不同于一般的工业、民用建筑等工程，具有一定的艺术性，由于每项工程各

具特色、风格各异，工艺要求不尽相同，而且项目零星、地点分散、工程量小、工作面大，又受气候条件的影响较大，因此不可能用简单、统一的价格对园林产品进行精确的核算，必须根据设计文件的要求、园林产品的特点，对园林工程先从经济上加以计算，以便获得合理的工程造价，保证工程质量。

1.4.3 园林工程预决算的分类

园林工程预决算按不同的设计阶段和所起的作用及编制依据的不同一般可分为设计概算、施工图预算、施工预算及竣工决算等多种。

1. 设计概算

设计概算是初步设计文件的重要组成部分，它是由设计单位在初步设计阶段，由设计单位编制的建设项目费用概算总造价。其编制依据主要是初步设计图纸、概算定额、概算指标和取费标准等有关资料。其主要作用如下。

（1）设计概算是编制园林工程建设计划的依据。

（2）设计概算是控制工程建设投资的依据。

（3）设计概算是对设计方案进行技术、经济分析的依据。

（4）设计概算是控制工程建设拨款或贷款的依据。

（5）设计概算是进行工程建设投资包干的依据。

2. 施工图预算

施工图预算是指在施工图设计阶段，当施工图设计和施工方案完成后，在施工前，由施工单位（或投标单位），依据预算定额、已批准的施工图、施工组织设计及国家颁布的相关文件进行编制。其主要作用如下。

（1）施工图预算是确定园林工程造价的依据。

（2）施工图预算是办理工程竣工结算及工程招投标的依据。

（3）施工图预算是建设单位和施工单位签订施工合同的依据。

（4）施工图预算是建设银行拨付工程款或贷款的依据。

（5）施工图预算是施工企业考核工程成本的依据。

（6）施工图预算是设计单位对设计方案进行技术经济分析比较的依据。

（7）施工图预算是施工企业组织生产、编制计划、统计工作量和实物指标的依据。

3. 施工预算

施工预算是指在施工阶段，施工企业内部自行编制的预算。其主要编制依据是：施工图计算的工程量、施工定额、单位工程施工组织设计及相应的费用取费表。施工预算结果不应超过施工图预算。其作用如下。

（1）施工预算是施工企业编制施工作业计划的依据。

（2）施工预算是施工企业安排施工任务、限额领料、掌握施工进度的依据。

（3）施工预算是开展定额经济包干、实行按劳分配的依据。

（4）施工预算是劳动力、材料和机械调度管理的依据。

（5）施工预算是施工企业进行施工预算与施工图预算对比的依据。

（6）施工预算是施工企业控制成本的依据。

4. 竣工决算

工程竣工决算分为施工单位竣工决算和建设单位竣工结算两种。

施工企业内部的单位工程竣工决算，是以单位工程为对象，以单位工程竣工结算为依据，核算一个单位工程的预算成本、实际成本和成本降低额，所以又称为单位工程竣工成本决算。它是由施工企业的财务部门进行编制的。通过决算，施工企业内部可以进行实际成本分析，反映经营效果，总结经验教训，以利于提高企业经营管理水平。

建设单位竣工结算，是在新建、改建和扩建工程项目竣工移交后，由建设单位组织有关部门，以竣工结算等资料为基础编制的，一般是建设单位的财务支出情况，是整个建设项目从筹建到全部竣工的建设费用的文件，它包括建筑工程费用、安装工程费用、设备购置费用和其他费用等。

竣工决算的主要作用如下。

（1）竣工决算是确定新增固定资产和流动资产价值，办理交付使用、考核和分析投资效果的依据。

（2）竣工决算是及时办理竣工决算，能够准确反映基本建设项目实际造价和投资效果。

（3）竣工决算是通过编制竣工决算与预决算的对比分析，考核建设成本，总结经验，积累技术资料，提高投资效果。

设计概算、施工图预算和竣工决算简称"三算"。设计概算是在设计初步阶段由设计单位主编的。单位工程开工前，由施工单位编制施工图预算。建设项目或单项工程竣工后，由建设单位（施工单位内部也编制）编制竣工决算。它们之间的关系是：概算金额不得超过计划任务书的投资额，施工图预算和竣工决算不得超过概算金额。三者都有独立的功能，在工程建设的不同阶段发挥各自的作用。

1.4.4 园林工程预决算编制的依据

园林工程预决算是一项十分严肃、重要的工作，同时也是一项非常细致和复杂的工作。概预算是确定工程造价的文件，对指导园林绿化工作有着重要的作用。为了提高预算的准确性，保证预算质量，在编制预算时，主要依据下列技术资料和有关规定。

1. 施工图纸

施工图纸是指经过会审的施工图，包括设计说明书、选用的通用图集和标准图集或施工手册、设计变更文件等，它们是确定尺寸规格、计算工程量的主要依据，是编制预算的基本资料。

园林施工图设计图纸所含内容一般有园林建筑及小品、山石水体、园林绿化、道路桥梁等工程项目的平、立、剖面图。

（1）园林建筑及小品工程包括园林建筑及小品的平、立、剖面及局部构造图。

（2）山石水体工程包括假山、置石、小溪、湖、瀑布等的平、剖面及局部构造图。

（3）园林绿化工程包括绿地的地形整理及平整，花坛、草坪和树木的栽植等的平面规划布置图。

（4）道路桥梁工程包括园林建设中的各种道路，园桥的平、立、剖面及局部构造图。

（5）门架围栏工程包括门楼、门坊、栏杆、花架、围墙、挡墙和有关构筑物等的平、立、剖面及局部构造图。

以上是一般园林工程项目所常用的各类图纸，由于园林工程所处的建设环境各异，还会有一些其他特殊的工程项目图纸。另外，园林水电安装工程应另行处理。

2. 施工组织设计

施工组织设计又称施工方案，是确定单位工程进度计划、施工方法、主要技术措施、施工现场平面布局和其他有关准备工作的技术文件，是有序进行施工管理的开始和基础，也是园林工程建设单位在组织施工前必须完成的一项法定的技术性工作。在编制工程预算时，某些分部工程应该套用哪些工程项目（子项）的定额，以及相应的工程量是多少，要以施工方案为依据。

园林工程施工组织设计是以园林工程（整个工程或若干个单项工程）为对象编写的用来指导工程施工的技术性文件。其核心内容是如何合理地安排好劳动力、材料、资金、设备和施工方法这五个主要的施工因素。根据园林工程的特点和要求，以先进的、科学的施工方法与组织手段使人力和物力、时间和空间、技术和经济、计划和组织等诸多因素合理优化配置，从而保证施工任务依质量要求按时完成。因此，编制科学、实际、可操作的园林工程施工组织设计，对指导现场施工、确保施工进度和工程质量、降低成本等都有着重要的意义。

园林工程施工组织设计首先要符合园林工程的设计要求，体现园林工程的特点，对现场施工具有指导性。在此基础上，要充分考虑施工的具体情况，并完成以下内容。

（1）依据施工条件，拟定合理的施工方案，确定施工顺序、施工方法、劳动组织和技术措施等。

（2）按施工进度做好材料、机具、劳动力等资源配置。

（3）根据实际情况布置临时设施、材料堆置及现场实施。

（4）协调好各方面的关系，统筹安排各个施工环节，做好必要的准备和及时采取相应的措施，确保工程顺利进行。

3. 工程预算定额

工程预算定额是确定工程造价的主要依据，它是由国家或被授权单位统一组织编制和颁发的一种指令性指标，具有极大的权威性。

由原建设部统编和颁发的《全国统一仿古建筑及园林工程预算定额》共四册，其中第一册为《通用项目》，适用于采用现代建筑工程施工方法进行施工的仿古建筑及园林工程的有关项目；第二册为《营造法原做法项目》，适用于按《营造法原》要求进行设计建筑的仿古建筑工程和其他建筑工程中的仿古部分；第三册为《营造则例做法项目》，适用于按《工部工程做法则例》风格进行设计而施工的仿古建筑工程及绿化工程、假山叠石和其他园林小品等有关项目；第四册为《园林绿化及小品项目》，适用于园林绿化工程、堆砌假山工程、园路园桥工程和园林小品工程等项目。以上四册中，第一册应与第二、三、四册配套使用，属于一般建筑工程的不能套用本定额，需要按《建筑安装工程基础定额》执行。

由于我国幅员辽阔，各种材料价格差异很大，因此各地均将统一定额经过换算后颁发执行。

4. 材料预算价格、人工工资标准、施工机械台班费用定额

材料预算价格、人工工资标准和施工机械台班费用因各地区市场情况不同和施工企业不同，其价格标准也不同，各省区市及企业都有各自的定额标准。

5. 园林工程建设管理费用及其他费用取费定额

园林工程建设管理费用和其他费用，因地区和施工企业不同，其收费标准也不同，各省区市及企业都有各自的取费定额。

6. 建设单位和施工单位签订的合同或协议

合同或协议中双方约定的标准也可称为编制工程预算的依据。

7. 国家或地区颁布的有关文件

国家或地区各有关主管部门制定颁布的有关编制工程预算的各种文件或规定，如某些材料调价、新增各种取费项目的文件等，都是编制工程预算时必须遵照执行的依据。

8. 工具书及其他有关手册

以上依据都是编制预决算所不能缺少的基本内容，但其中使用时间最长、使用次数最多的是工程预算定额和施工设计图纸，它们也是编制工程预决算中应用难度最大的两项内容。

1.4.5 园林工程预决算的编制方式

1. 定额计价方法

定额计价方法即工料单价法，是指项目单价采用分部分项工程的不完全价格（即包括

人工费、材料费、施工机械台班使用费）的一种计价方法。我国现行有两种计价方法：单价法和实物法。

1）单价法

单价法是指在相应定额工程量计算规则计算工程中各个分部分项工程的工程量，然后套取相应预算定额的各个分部分项工程量的定额基价，直接得出各个分部分项工程的直接费，汇总得出工程总的直接费，再用工程总的直接费乘以相应的费率得出工程总的间接费、利润和税金，最后汇总得出工程的造价。其工作程序如图 1-1 所示。

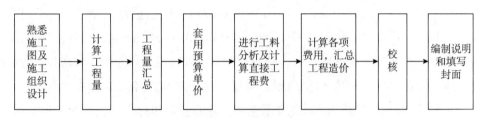

图 1-1　单价法计算工程造价工作程序示意图

2）实物法

实物法是指在算出各个分部分项工程的工程量后套用相应的分部分项工程的定额消耗量，将各个分部分项工程量分解为相应的人工、材料、机械台班的消耗量，然后分别乘以相应的人工、材料、机械台班的市场单价后相加得出相应分部分项工程的工料机合价（即分部分项工程的直接费），再将各个分部分项工程的直接费汇总得出工程的总直接费，后面取费与单价法是一样的。其工作程序如图 1-2 所示。

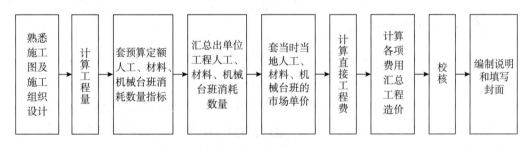

图 1-2　实物法计算工程造价工作程序示意图

单价法与实物法最主要也是最根本的区别在于计算出工程量以后的步骤。各个分部分项工程的工料机合价计算依据不同，单价法用"定额基价"直接计算，而实物法用"消耗量定额"和"工料机的市场单价"确定各个分部分项工程的工料机合价。不管哪种方法计算，所计算出来的各个分部分项工程的费用都只包括工料机费用，各个分部分项工程的费用没有间接费、利润、税金、措施费、风险费等，换言之，就是定额计价法中只能计算工程总的间接费、措施费、利润和税金等，在这种计价方法下无法得出各个分部分项工程的间接费、措施费、利润和税金，因此将此种工料单价称为"不完全单价"。

2. 工程量清单计价方法

工程量清单计价法即"综合单价法"。它是以《建设工程工程量清单计价规范》（GB 50500—2013）为依据，首先根据"五统一"（即统一项目名称、项目特征、计量单位、工程量计算规则、项目编码）原则编制出工程量清单，其次由各投标施工企业根据企业实际情况与施工方案，对完成工程量清单中一个规定计量单位项目进行综合报价（包括人工费、材料费、机械使用费、企业管理费、利润、风险费用），最后在市场竞争过程中形成园林工程造价。工程量清单计价是一种国际上通行的计价方式。

各个分部分项工程的费用不仅包括工料机的费用，还包括各个分部分项工程的间接费、利润、税金、措施费、风险费等，即在计算各个分部分项工程的工料机费用的同时就开始计算各个分部分项工程的间接费、利润、税金、措施费、风险费等。这样就会形成各个分部分项工程的"完全价格（综合价格）"，最后直接汇总所有分部分项工程的"完全价格（综合价格）"就可直接得出工程的工程造价。工程量清单计价方法如图1-3所示。

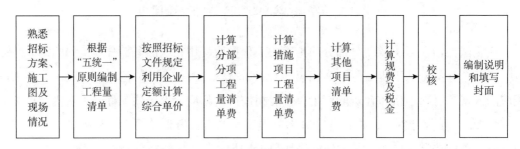

图1-3 工程量清单计价方法示意图

1.4.6 园林工程计价的特征

工程计价的特征由工程项目的特点决定，工程计价具有以下特征。

1. 计价的单件性

目标工程在生产上的单件性决定了在造价计算上的单件性，它不能像一般工业产品那样，可以按品种、规格成批地生产、统一定价，而只能按照单件计价。国家或地区有关部门不能按各个工程逐件控制价格，只能就工程造价中各项费用项目的划分、工程造价构成的一般程序、概预算的编制方法、各种概预算定额和费用标准等，做出统一性的规定，据此进行宏观性的价格控制。

2. 计价的多次性

目标工程的生产过程是一个周期长、数量大的生产消费过程。它要经过可行性研究、设计、施工、竣工验收等多个阶段，并分段进行，逐步接近实际。为了适应工程建设过程中各方经济关系的建立，适应项目管理，适应工程造价控制与管理的要求，需要按照设计和建设阶段多次计价，如图1-4所示。

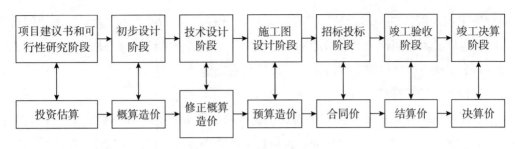

图 1-4 工程多次计价示意图

（1）投资估算：在项目建议书和可行性研究阶段通过编制估算文件测算和确定的工程造价。投资估算是建设项目进行决策、筹集资金和合理控制造价的主要依据。

（2）概算造价：在初步设计阶段，根据设计意图，通过编制工程概算文件预先测算和确定的工程造价。与投资估算造价相比，概算造价的准确性有所提高，但受估算造价的控制。概算造价一般又可分为建设项目概算总造价、各个单项工程概算综合造价、各单位工程概算造价。

（3）修正概算造价：在技术设计阶段，根据技术设计的要求，通过编制修正概算文件预先测算和确定的工程造价。修正概算是对初步设计阶段的概算造价的修正和调整，比概算造价准确，但受概算造价控制。

（4）预算造价：在施工图设计阶段，根据施工图纸，通过编制预算文件预先测算和确定的工程造价。它比概算造价或修正概算造价更为详尽和准确，但同样要受前一阶段工程造价的控制。

（5）合同价：在工程招标投标阶段通过签订总承包合同、建筑安装工程承包合同、设备材料采购合同，以及技术和咨询服务合同所确定的价格。合同价属于市场价格，它是由承包发包双方根据市场行情共同议定和认可的成交价格。但要注意：合同价并不等同于最终决算的实际工程造价。根据计价方法不同，建设工程合同有许多类型，不同类型合同的合同价内涵也会有所不同。

（6）结算价：在工程竣工验收阶段，按合同调价范围和调价方法，对实际发生的工程量增减、设备和材料价差等进行调整后计算和确定的价格，反映的是工程项目实际造价。结算价一般由承包单位编制，由发包单位审查，也可委托具有相应资质的工程造价咨询机构进行审查。

（7）决算价：工程竣工决算阶段，以实物数量和货币指标为计量单位，综合反映竣工项目从筹建开始到项目竣工交付使用为止的全部建设费用。

3.计价的组合性

工程造价的计算是分部组合而成的，这一特征与建设项目的组合性有关。一个建设项目是一个工程综合体，它可以分解为许多有内在联系的工程。从计价和工程管理的角度，分部分项工程还可以进一步分解。建设项目的组合性决定了确定工程造价的逐步组合过程，同时也反映到合同价和结算价的确定过程中。工程造价的组合过程是：分部分项工程单价→单位工程造价→单项工程造价→建设项目总造价。

4.计价方法的多样性

工程项目的多次计价有其各不相同的计价依据，每次计价的精确度要求也各不相同，由此决定了计价方法的多样性。例如，计算投资估算的方法有设备系数法、生产能力指数估算法等；计算概算造价、预算造价的方法有单价法和实物法等。不同的方法有不同的适用条件，计价时应根据具体情况加以选择。

5.计价依据的复杂性

由于影响工程造价的因素较多，决定了计价依据的复杂性。计价依据主要可分为以下七类。

（1）设备和工程量计算依据，包括项目建议书、可行性研究报告、设计文件等。

（2）人工、材料、机械等实物消耗量计算依据，包括投资估算指标、概算定额、预算定额等。

（3）工程单价计算依据，包括人工单价、材料价格、材料运杂费、机械台班费等。

（4）设备单价计算依据，包括设备原价、设备运杂费、进口设备关税等。

（5）措施费、间接费和工程建设其他费用计算依据，主要是相关的费用定额和指标。

（6）政府规定的税费。

（7）物价指数和工程造价指数。

1.5 园林工程定额

1.5.1 园林工程定额的概念、特点及分类

1.定额的概念

定，就是规定；额，就是额度或限度。定额简单理解就是在一定条件下规定的额度或数量标准。生产任何产品都必须消耗一定数量的活化劳动和物化劳动，而生产同一产品所消耗的劳动量常随着生产因素、生产条件、生产环境等变化而发生一定的差异。例如，由不同的工人完成同一产品，由于工人的技术等级、熟练程度、工作积极性、身体状态等不同，所需要消耗的时间是不一样的。定额就是在一定的社会制度和现有的生产力水平条件下，完成一定计量单位的合格产品所必须消耗的人工、材料、机械台班的数量标准。作为数量标准，它必须规定工作内容、明确数值和应达到的质量安全要求标准。

2. 园林工程定额的概念

在园林工程施工过程中，为了完成一定的合格产品，就必须消耗一定数量的人工、材料、机械台班和资金，这种消耗的数量受各种生产因素及生产条件的影响。园林工程定额就是指在合理的劳动组织和节约地使用材料和机械的条件下，完成单位合格园林产品所必需消耗的资源数量标准。

例如，某省园林绿化工程定额堆砌湖石假山（高 3m 以内）项目规定如下。

（1）工作内容：包括放样，选石，运石，调、制、运混凝土（砂浆），堆砌，塞垫嵌缝，清理，养护等工作。

（2）消耗量：每吨湖石假山所需人工消耗 5.39 工日；湖石 1t，现浇混凝土 0.08m^3，1∶2 水泥砂浆 0.05m^3；5t 汽车式起重机 0.027 台班。

（3）质安要求：国家施工验收规范和安全标准。

3. 园林工程定额的特点

1）定额的科学性

园林工程定额的制定是在当时的实际生产力水平条件下，经过大量的测定，在综合、分析、统计、广泛收集资料的基础上制定出来的，是根据客观规律的要求，用科学的方法确定的各项消耗标准，能正确反映当前工程建设生产力水平。

定额的科学性，首先表现在用科学的态度制定定额，尊重客观实际，定额水平合理；其次表现在制定定额的技术方法上，利用现代科学管理的成就，形成一套系统的、完整的、在实践中行之有效的方法；最后表现在定额制定和贯彻一体化。制定是为了提供贯彻的依据，贯彻是为了实现管理的目标，也是对定额的信息反馈。

2）定额的系统性

园林工程定额是由各种内容结合而成的有机整体，有鲜明的层次和明确的目标。园林工程定额的系统性是由工程建设的特点决定的。工程建设本身的多种类、多层次就决定了它的服务工程建设定额的多种类、多层次。

3）定额的统一性

园林工程定额的统一性按照其影响力和执行范围来看，有全国统一定额、行业统一定额、地区统一定额等；按照定额的制定、颁布和贯彻使用来看，有统一的程序、统一的原则、统一的要求和统一的用途。

4）定额的指导性

园林工程定额是由国家或其授权机关组织编制和颁发的一种综合消耗指标，它是根据客观规律的要求，用科学的方法编制而成的，因此在企业定额尚未普及的今天，工程造价的确定和控制仍是十分重要的指导性依据。另外，企业编制企业定额时，它也是重要参考依据，同时政府投资工程的造价确定与控制仍离不开定额。

5）定额的相对稳定性和时效性

园林工程定额中的任何一种都是一定时期技术发展和管理水平的反映，因而在一段时间内都表现出稳定的状态。稳定的时间有长有短，一般为 5～10 年。社会生产力的发展有一个由量变到质变的变动周期。当生产力向前发展了，原有定额已不能适应生产需要时，就要根据新的情况对定额进行修订、补充或重新编制。

4.园林工程定额的分类

由于使用对象和目的不同，定额有很多种类。对定额可按内容、用途、使用范围等加以分类，如图 1-5 所示。

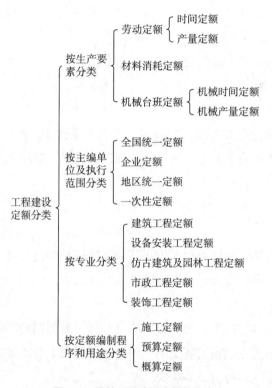

图 1-5　园林工程建设定额的分类

1.5.2　园林工程预算定额

1.园林工程预算定额的概念

园林工程预算定额是指在正常合理的施工条件下，规定完成一定计量园林产品所必需的人工、材料、机械台班的消耗数量标准。园林工程预算定额作为一种数量标准，除了规定完成一定计量单位的园林产品所需人工、材料、机械台班数量外，还必须规定完成的工作内容和相应的质量标准及安全要求等内容。园林工程预算定额是由国家主管机关或被授权单位组织编制并颁发执行的一种法令性指标，是园林工程建设中一项重要的技术经济文件，它的各项指标反映了国家对承包商和业主在完成施工承包任务中可以消耗的活劳动和物化劳动的限度，这种限度体现了业主与承包商的经济关系，最终决定一个项目的园林工程成本和造价。

2. 园林工程预算定额的作用

（1）园林工程预算定额是编制单位估价表的依据。

（2）园林工程预算定额是编制园林工程施工图预算、确定工程造价的依据。

（3）园林工程预算定额是编制招标标底的依据。

（4）园林工程预算定额是编制施工组织设计，确定劳动力、建筑材料、成品和施工机械台班需用量的依据。

（5）园林工程预算定额是拨付工程价款和进行工程竣工结算的依据。

（6）园林工程预算定额是施工企业贯彻经济核算，进行经济活动分析的依据。

（7）园林工程预算定额是设计部门对设计方案进行技术经济分析的依据。

总之，编制和执行好工程定额，充分发挥其作用，对于合理确定工程造价，监督基本建设投资的合理使用，加强经济核算，改善企业经营管理，降低工程成本，提高经济效益，具有十分重要的现实意义。

3. 预算定额的编制依据

（1）现行的设计规范、施工及验收规范、质量评定标准及安全技术操作规程等技术法则。

（2）现行的全国统一劳动定额，材料消耗定额，施工机械台班定额。

（3）通用的标准图集和定型设计图纸。

（4）新技术、新结构、新材料和先进施工经验的资料。

（5）有关科学试验、技术测定和统计资料。

（6）现行地区人工工资标准和材料预算价格。

4. 预算定额的编制程序

1）制定预算定额的编制方案

其主要内容包括：建立相应的机构，明确编制进度，确定编制定额的指导思想、编制原则，明确定额的作用，确定编制范围和内容，提出定额结构内容、编制形式，确定人工、材料、机械消耗定额的计算基础和各项依据等。

2）收集基础资料

首先收集编制定额的各种依据，其次收集各项计算基础资料及有关的技术经济资料，并对这些资料反复测算、核实，保证收集到的资料全面、准确、可靠，对收集到的资料要进行分析、整理和分类，使资料系统化。

3）划分定额项目

划分定额项目是以施工定额为基础，合理确定预算定额的步距，并将庞大的工程体系分解成为各种不同的较为简单的，可以用适当计量单位计算工程量的基本构造要素，做到项目齐全，粗细适度，简明适用。

4）确定分项工程的定额消耗指标

确定分项工程的定额消耗指标，应在选择计量单位、确定施工方法、计算工程量及含量等的基础上进行。

5）编制预算定额项目表

工程预算定额表中的人工、材料和机械台班消耗指标确定之后，应根据国家规定表格格式和劳动定额等编制工程预算定额项目表，并确定和填制定额表中的各项内容，如表1-1所示。

表 1-1　园林工程计价表——栽植绿篱

工作内容：开沟排苗、扶正回土、筑水围浇水、复土保墒、整形、清理。　　　　　　计量单位：10m

定额编号			3-159		3-160		3-161		3-162	
项　目	单位	单价	栽植单排绿篱							
			高度在（cm内）							
			40		80		120		160	
			每米5棵		每米3棵		每米2棵		每米1棵	
			数量	合计	数量	合计	数量	合计	数量	合计
综合单价	元		10.80		18.24		56.19		79.27	
其中	人工费	元		7.40		12.58		40.70		57.72
	材料费	元		1.03		1.64		2.46		3.08
	机械费	元		—		—		—		—
	管理费	元		1.33		2.26		7.33		10.39
	利润	元		1.04		1.76		5.70		8.08
综合人工	工日	37.00	0.20	7.40	0.34	12.58	1.10	40.70	1.56	57.72
材料	800000000 苗木	株		（51.00）		（30.60）		（20.40）		（10.20）
	807012401 基肥	kg	15.00	（0.19）	（2.85）	（1.50）	（22.50）	（2.00）	（30.00）	（1.00）	（15.00）
	305010101 水	m³	4.10	0.25	1.03	0.40	1.64	0.60	2.46	0.75	3.08

6）修改定稿，颁发执行

通过测算并修正定稿之后，呈报主管部门审批，之后颁发执行。

1.5.3　概算定额与概算指标

1.概算定额

1）概算定额的概念

确定完成合格的单位扩大分项工程或单位扩大结构构件所需消耗的人工、材料和机械台班的数量限额，称为概算定额，又称"扩大结构定额"或"综合预算定额"。

概算定额是设计单位在初步设计阶段或扩大初步设计阶段确定工程造价、编制设计概算的依据。概算定额是预算定额的合并与扩大。它将预算定额中有联系的若干个分项工程项目综合为一个概算定额项目。

如砖基础概算定额项目，就是以砖基础为主，综合了平整场地、挖地槽（坑）、铺设垫层、砌砖基础、铺设防潮层、回填土及运土等预算定额中分项工程项目。

2）概算定额的作用

概算定额对合理使用资金，确定工程造价，推行投资包干制和招标承包制等，都具有极其重要的意义。

概算定额与预算定额一样，随着科学技术的进步，人工、材料、机械台班价格的调整及其他因素的变化，需要加以修订。概算定额的主要作用表现在以下几个方面。

（1）概算定额是编制投资规划、可行性研究和编制设计概算的主要依据。

（2）概算定额是控制基本建设投资、对设计方案进行经济分析的依据。

（3）概算定额是编制概算指标和估算指标的依据。

（4）概算定额是编制建筑工程、安装工程主要材料和设备申请计划的依据。

（5）概算定额是建筑安装企业施工准备期间，在编制施工组织设计大纲或总设计中，拟定施工总进度和主要资源需要计划的依据。

（6）概算定额是确定基本建设项目贷款、拨款和施工图预算，进行竣工决算的依据。

2. 概算指标

1）概算指标的概念

概算指标是比概算定额综合性更强的一种指标，是以每 $100m^2$ 建筑物面积或每 $1\,000m^3$ 建筑物体积（如是构筑物，则以座为单位）为计算单位，确定其所需消耗的活劳动与物化劳动的数量限额。

2）概算指标的作用

概算指标主要在初步设计中使用，其作用如下。

（1）在建设项目规划阶段，概算指标是建设单位编制投资估算、计算投资量、申请投资额和主要材料需要量的依据。

（2）概算指标是编制设计概算、确定工程概算造价的依据。

（3）概算指标是设计单位对设计方案进行技术经济分析、衡量设计水平、考核基本建设投资效果的重要标准。

3）概算指标的表现形式

概算指标的表现形式分为综合概算指标和单项概算指标两种。

（1）综合概算指标是指按工业或民用建筑及其结构类型而制定的概算指标。综合概算指标的概括性较大，其准确性、针对性不如单项指标。

（2）单项概算指标是指为某种建筑物或构筑物而编制的概算指标。单项概算指标的针对性较强，故指标中对工程结构形式要作介绍。只要工程项目的结构形式及工程内容与单项指标中的工程概况相吻合，编制出的设计概算就比较准确。

4）概算指标的内容

（1）总说明。说明指标的作用、编制依据、适用范围和使用方法。

（2）示意图。说明工程的结构形式等。

（3）结构特征。进一步说明结构形式，如层高、层数和建筑面积等。

（4）经济指标。说明该工程每 100m² 造价及其中土建、水暖和电照材料等单位工程相应造价。

（5）内容及工程量指标。说明构造内容及 100m² 建筑面积的扩大分项工程指标及其人工和主要材料消耗指标。

1.6 园林工程量清单计价

工程量清单招标是建设工程招标投标活动中按照国家有关部门统一的工程量清单计价规定，由招标人提供工程量清单，投标人根据市场行情和本企业实际情况自主报价，经评审合理低价中标的工程造价计价模式。其特点是"量变价不变"。随着中国建设市场的快速发展，招标投标制度的逐步完善，实行工程量清单计价法是建立公开、公正、公平的工程造价计价和竞争定价的市场环境，逐步解决定额计价中与工程建设市场不相适应的因素，彻底铲除现行招标投标工作中弊端的根本途径之一，也是市场经济体制对建设市场发展的必然要求。2013 年发布实施的《建设工程工程量清单计价规范》（GB 50500—2013）是现行标准。

1.6.1 工程量清单计价概述

工程量清单是建设工程的分部分项工程项目、措施项目、其他项目、规费项目和税金项目的名称和相应数量等的明细清单。

工程量清单计价是指投标人完成由招标人提供的工程量清单所需的全部费用，包括分部分项工程费、措施项目费、其他项目费和规费、税金。

工程量清单计价采用综合单价计价。综合单价是指完成规定计量单位项目所需的人工费、材料费、机械使用费、管理费、利润，并考虑风险因素。

工程量清单计价方法，是在建设工程招投标中，招标人或委托具有资质的中介机构编制反映工程实体消耗和措施性消耗的工程量清单，并作为招标文件的一部分提供给投标人，由投标人依据工程量清单自主报价的计价方式。

工程量清单计价办法的主旨就是在全国范围内，统一项目编码、项目名称、计量单位、工程量计算规则。在此前提下，由国家主管职能部门统一编制《建设工程工程量清单计价规范》（GB 50500—2013），作为强制性标准，在全国统一实施。

1.6.2　工程量清单计价的基本原理

工程量清单计价的基本过程可以描述为：在统一的工程量计算规则的基础上，制定工程量清单项目设置规则，根据具体工程的施工图纸计算出各个清单项目的工程量，再根据各种渠道所获得的工程造价信息和经验数据计算得到工程造价。

工程计价的顺序是：分部分项工程单价—单位工程造价—单项工程造价—建设项目总造价，如图 1-6 所示。影响工程造价的主要因素有两个，即基本构造要素的单位价格和基本构造要素的实物工程数量。

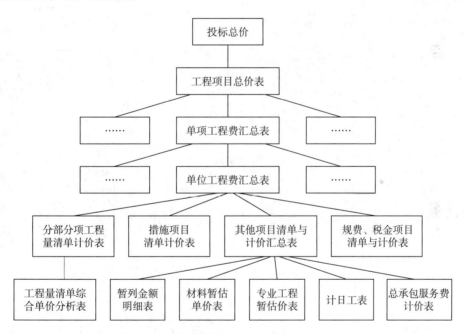

图 1-6　工程量清单计价方式下价格的形成过程

1.6.3　工程量清单的作用

（1）工程量清单是编制招标工程标底和投标报价的依据。工程量清单为编制工程标底、投标报价提供了共同的基础。

（2）工程量清单是调整工程量、支付工程进度款的依据。在施工过程中，可参考工程量清单确定工程量的增减和支付阶段进度款。

（3）工程量清单是办理工程结算及工程索赔的依据。在办理工程结算或工程索赔时，可参考工程量清单单价来计算。

学习笔记

研讨与练习

1. 名词解释：园林工程概预算、设计概算、施工图预算。

2. 简述园林工程概预算的作用及类型。

3. 简述工程中常用的"三算"的区别。

4. 园林工程概预算编制的依据和程序分别是什么？

5. 简述工程定额、园林工程预算定额的概念。

6. 园林工程定额有哪些作用？

7. 园林工程定额的手册组成内容有哪些？

8. 简述概算定额和概算指标的概念。

_____

_____

9. 简述工程预算定额的特点。

_____

_____

10. 简述工程定额如何分类。

_____

_____

_____

11. 什么叫基本建设程序？我国现阶段基本建设程序包括哪些内容？

_____

_____

_____

12. 试分析施工图预算与施工预算的联系与区别。

_____

_____

_____

13. 什么叫园林工程计价？园林工程计价特征主要表现在哪些方面？

_____

_____

_____

14. 试述工程量清单计价模式下的造价组成。

_____

_____

_____

15. 通过查找资料，简单分析"定额计价法"与"工程量清单计价法"的区别与联系。

_____

_____

_____

项目2 园林工程招投标实务

知识目标

1. 了解园林工程招投标的概念、分类以及园林工程招投标方式。

2. 掌握园林施工招投标的程序、施工投标的注意事项、施工招投标文件的编制、投标决策的选择、报价的策略和技巧。

能力目标

1. 根据招标信息，能顺利获得施工招标文件，并熟悉投标程序。

2. 能做好资格审查、投标经营准备、报价准备等投标准备工作。

3. 能分析工程投标要求，合理地为工程投标做出决策。

4. 能编制园林工程技术标。

5. 能按照招标要求准确包装并投递标书。

2.1 园林工程招标

2.1.1 招标投标概述

招标投标是在市场经济条件下进行工程建设、货物买卖、财产出租、中介服务等经济活动的一种竞争形式和交易方式，是引入竞争机制订立合同（契约）的一种法律形式。它是指招标人对工程建设、货物买卖、劳务承担等交易业务，事先公布选择分派的条件和要求，招引他人承接，然后若干投标人作出愿意参加业务承接竞争的意思表示，招标人按照规定的程序和办法择优选定中标人的活动。按照我国有关规定，招标投标的标的，即招标投标有关各方当事人权利和义务所共同指向的对象，包括工程、货物、劳务等。

招标与投标是一种商品交易行为，是交易过程的两个方面。在整个招标投标过程中，招标、投标和定标（决标）是三个主要阶段，其中定标是核心环节。园林工程招标是指招标人（建设单位、业主）将其拟发包的内容、要求等对外公布，招引和邀请多家单位参与承包工程建设任务的竞争，以便择优选择承包单位的活动。园林工程投标是指投标人（承包商）愿意按照招标人规定的条件承包工程、编制投标书，提出工程造价、工期、施工方案和保证工程质量的措施，在规定的期限内向招标人投函，请求承包工程建设任务的活动。定标是招标人从若干投标人中选出最后符合条件的投标人作为中标对象，然后招标人以中标通知书的形式，正式通知投标人已被择优录取。这对于投标人来说就是中标，对招标人来说，就是接受了投标人的标，经过评标择优选中的投标人称为中标人。

我国从 20 世纪 80 年代初开始逐步实行招标投标制度，目前大的经常性的招标投标业务，主要集中在工程建设、政府采购、设备采购等领域，其中工程建设领域采用招投标方式最多。招投标制的最显著特征是将竞争机制引入交易过程，与供求双方"一对一"直接交易方式等非竞争性的交易方式相比，具有明显的优越性。

2.1.2　工程项目招标应具备的条件及类型

1. 工程项目招标应具备的条件

为了建立和维护正常的建设工程招标程序，在建设工程招标程序正式开始前，招标人必须完成必要的准备工作，以具备招标所需要的条件。这些条件包括建设单位的资质能力条件和建设单位的施工准备条件等。

1）对建设工程招标人的招标资质要求

（1）招标人必须有与招标工程相适应的技术、经济、管理人员。

（2）招标人必须有编制招标条件和标底，审查投标人投标资格，组织开标、评标、定标的能力。

（3）招标人必须设立专门的招标组织，招标组织形式上可以是基建处（办、科）、筹建处（办）、指挥部等。

凡符合上述要求的，经招标投标管理机构审查合格后发给招标组织资质证书。招标人不符合上述要求、未持有招标组织资质证书的，不得自行组织招标，只能委托具有相应资质的招标代理人代理组织招标。

至于对建设工程招标人招标资质的具体等级划分和各等级的认定标准，目前国家尚无明确规定，各地的规定也都是原则上的，且不统一。根据一般做法，建设工程招标人的招标资质大致可分为甲级招标资质、乙级招标资质和丙级招标资质三个等级。其中，甲级招标资质是最高等级，具有该资质的招标人可以自行组织任何工程建设项目招标工作。

2）建设单位的施工准备条件

拟建工程项目的法人向其主管部门申请招标前，必须是已完成了一定的准备工作，具备了以下招标条件。

（1）建设项目预算已经被批准。

（2）建设项目已正式列入国家部门或地方的年度国家投资计划。

（3）建设用地的征用工作已经完成。

（4）有能够满足施工需要的施工图纸及技术资料。

（5）有进行招标项目的建设资金或有确定的资金来源，主要材料、设备的来源已经落实。

（6）经过工程项目所在地的规划部门批准，施工现场的"三通一平"已经完成或一并列入施工招标范围。

2. 工程项目招标的类型

按工程项目建设程序分类，工程项目建设过程可分为建设前阶段、勘察设计阶段和施工阶段。因而按工程项目建设程序，招标可分为工程项目开发招标、勘察设计招标和施工招标三种类型。

按工程发包承包的范围，可以将建设工程招标分为工程总承包招标、工程分承包招标和工程专项承包招标。

按行业类型分类，即按工程建设相关的业务性质分类，可分为土木工程招标、勘察设计招标、材料设备招标、安装工程招标、生产工艺技术转让招标、咨询服务（工程咨询）招标等。

2.1.3　招标方式

招标在具体的运作过程中具有几种不同的表现形式。

1. 公开招标

公开招标又称无限竞争性招标，是指招标人以招标公告的方式邀请不特定的法人或者其他组织投标。即招标人按照法定程序，在国内外公开出版的报刊或者广播、电视、网络等公共媒体上发布招标广告，凡有兴趣并符合要求的承包商，不受地域、行业和数量的限制均可以申请投标，经过资格审查合格后，按规定时间参加投标竞争。

这种招标方式的优点是业主可以在较广的范围内选择承包单位，投标竞争激烈，择优率高，有利于业主将工程项目的建设交予可靠的承包商实施，并获得有竞争性的商业报价，同时也可以在较大程度上避免招标活动中的贿标行为。其缺点是准备招标、对投标申请单位进行资格预审和评标的工作量大，招标时间长、费用高；同时，参加竞争投标者越多，每个参加者中标的机会越小，风险越大，损失的费用越多，而这种费用的损失必然反映在标价上，最终会由招标人承担。

2. 邀请招标

邀请招标又称为有限竞争性招标，是指招标人以投标邀请书的形式邀请特定的法人或者其他的组织投标。招标人向预先确定的若干家承包单位发出投标邀请函，就招标工程的内容、工作范围、实施条件等作出简要的说明，请他们来参加投标竞争。被邀请单位同意参加投标后，从招标人处获取招标文件，并在规定时间内投标报价。

邀请招标的邀请对象数量以5～10家为宜，但不应少于3家，否则就失去了竞争意义。与公开招标相比，其优点是不发招标广告，不进行资格预审，简化了投标程序，因此节约了招标费用，缩短了招标时间。其缺点是投标竞争的激烈程度较低，有可能提高中标的合同价，也有可能排除了某些在技术上或报价上有竞争力的承包商参与投标。

3.议标招标

议标招标是指业主指定少数几家承包单位，分别就承包范围内的有关事宜进行协商，直到与某一承包商达成协议，将工程任务委托其去完成。议标招标与前两种招标方式相比，投标不具公开性和竞争性，因此容易发生幕后交易。但对于一些小型项目来说，采用议标方式目标明确，省时省力。

业主邀请议标的单位一般不应少于两家，只有在特定条件下，才能只邀请一家议标单位参与议标。

2.1.4 招标程序

工程项目招标程序一般可分为三个阶段：一是招标准备阶段；二是招标阶段；三是决标成交阶段。

1.编制招标文件

招标文件是工程施工招标投标工作的核心，它不但是编制标底和施工企业投标报价的重要依据，而且会影响以后确定中标单位，签订工程承包合同、拨款、材料与设备的供应和价差处理以及竣工结算等施工全过程工作的进行。

1）招标文件的编制程序

（1）熟悉工程情况和施工图设计图纸及说明。

（2）计算工程量。

（3）确定施工工期和开、竣工日期。

（4）确定工程的技术要求、质量标准及各项有关费用。

（5）确定投标、开标、决标的日期及其他事项。

（6）填写招标文件申报表。

2）招标文件的主要内容

（1）工程综合说明，包括工程名称、地址、招标项目、占地范围、建筑面积、技术要求、质量标准、现场条件、招标方式、要求开工和竣工时间、对投资企业的资质等级要求等。

（2）工程设计图纸、技术资料及技术说明书。

（3）工程量清单，以单位工程为对象、按分部分项工程列出工程数量。

（4）由银行出具的建设资金证明和工程款的支付方式及预付款的百分比。

（5）主要材料（钢材、木材、水泥等）与设备的供应方式，加工、订货情况和材料、设备价差的处理方法。

（6）特殊工程的施工要求以及采用的技术规范。

（7）投标书的编制要求及评标、定标的原则。

（8）投标、开标、评标、定标等活动的日程安排。

（9）建设工程施工合同条件及调整要求。

（10）要求交纳的投标保证金额度。

（11）投标须知主要包括以下内容：承发包双方业务往来中收发函的规定；设计文件的拟定单位及投标人与之发生业务联系的方式；解释招标文件的单位、联系人等方面的说明；填写标书的规定和投标、开标要求的时间、地点等；投标人担保的方式；投标人对投标文件有关内容提出建议的方式；招标人拒绝投标的权利；投标人对招标文件保密的义务等。

以上内容并非所有项目投标须知中均需包括的内容，具体项目可按照实际情况增减。

2. 发布招标公告或者招标邀请书

招标人在发出招标公告或者邀请书之前，应当将招标文件报建设行政主管部门备案，建设行政主管部门收到备案报告后，应当对招标人或者委托的招标代理机构组织的资格和招标文件的合法性进行审查，审查合格后招标人可以通过建设工程交易中心选择合适的方式发出招标公告或者邀请书。

3. 递交投标申请书

投标人在招标公告发布或接到招标邀请书后，应在规定的时间内根据招标公告或邀请书的要求，填写投标申请书并交回建设工程交易中心。投标申请书的内容包括企业注册证明和技术等级；主要施工经历；质量保证措施；技术力量简况；施工机械设备简况；正在施工的承建项目；资金或财务状况；企业的商业信誉；准备在招标工程上使用的施工机械设备；准备在招标工程上采用的施工方法和施工进度安排。

4. 选定符合条件的投标人

招标人在收到投标申请书后会同建设行政主管部门对投标人的资格进行审查，并将审查结果通知投标申请人。公开招标时如符合条件的投标人超过 8 家时，则应在交易中心的见证下随机抽出正式投标人。

5. 举行招标会议

在确定了正式的投标人后，招标人应及时给投标人分发招标文件、设计图纸和技术资料等，并在建设工程交易中心召开招标会议，向投标人介绍项目的有关情况和要求，对投标人提出的问题进行说明。招标会议后，招标人根据招标项目的具体情况，可以组织投标人进行现场勘察并负责答疑。

招标会议的内容，主要是针对招标文件的内容作进一步的阐明。对设计图纸中不够明确的做法、用料标准及设备选型等，加以补充说明。此外，对投标人提出的疑问，也应逐一解答。所有这些问题都应以书面形式发送给各投标人，作为招标文件的补充。

6. 编制和递交投标文件

投标人根据招标文件和招标会议的要求编制投标文件，并在规定的截止日期前送交交易中心。投标人提交投标文件时，应当同时向招标人交纳投标保证金，落标人的投标保证金应当于评标工作结束之日起 7 日内退回；中标人的保证金应当于签订合同时退回。

7. 编制和审核标底

标底既是核实预期投资的依据，更是衡量投标报价的准绳，是评标的主要尺度之一。因此，标底应该编制得符合实际，力求准确、客观，且不超出工程投资概算。编制标底应遵循下列原则进行。

（1）根据设计图纸及有关资料、招标文件，参照国家规定的技术、经济标准规范及定额编制，报建设行政主管部门组织审定。

（2）标底价应由成本、利润、税金组成，一般应控制在批准的总概算或修正概算及投资包干的限额内。

（3）标底作为招标人的期望计划价，应力求与市场的实际变化吻合，要有利于竞争和保证工程质量；标底价格应考虑人工、材料、机械台班等价格变动因素，还应包括施工不可预见费、包干费和施工措施费等，工程要求优良的还应增加相应费用。

（4）一个工程只能编制一个标底。

标底审定工作应当在交易中心进行并在开标之日前审定完毕。审定标底由具有资格的工程造价咨询单位负责，但与投标人有利害关系的单位和人员应当回避。

8. 组建评标委员会

评标委员会由招标人和有关的技术、经济等方面的专家组成，成员人数为 7 人以上单数，其中技术、经济等方面的专家不得少于成员总数的 2/3。

评标委员会中的技术、经济专家，由招标人从交易中心的专家库中随机抽取确定。与投标人有利害关系的人不得进入评标委员会。

评标委员会成员应当客观、公正地履行职务，遵守职业道德，对所提出的评审意见承担个人责任。

评标委员会成员不得私下接触投标人，不得接受投标人的财物或者其他好处。

9. 举行开标会议

招标人应当在招标文件规定的时间在交易中心举行开标会，招标人应当邀请所有投标人的法定代表人或者其委托的代理人参加开标会议。

举行开标会议时，应当在会上公布评标委员会成员名单、评标定标原则和办法，启封投标文件，确认投标文件的效力，宣读投标人、报价和投标文件的主要内容，启封和公开标底。变更开标日期、地点，应提前 3 日通知投标人和有关单位。

开标的一般程序如下。

（1）由招标人的工作人员介绍各方到会人员，宣布会议主持人及招标人、法人代表证件或法人代表委托书。

（2）会议主持人检验投标人法人代表或者指定代理人证件、委托书。

（3）主持人重申招标文件要点，宣布评标、定标原则、办法和评标小组成员名单。

（4）主持人当众检验启封投标书。其中属于无效标书的，须经评标小组半数以上成员确认，并当众宣布。

（5）按标书送达时间或以抽签方式排列投标人唱标顺序。

（6）按顺序唱标，宣读投标人报价和投标文件的主要内容。

（7）当众启封标底。

（8）招标人指定专人监唱，作好开标记录，并由各投标人的法人代表或其指定的代理人在记录上签字。

有下列情况之一时，投标书宣布作废：未密封；无单位和法定代表人或其代理人的印鉴；未按规定的格式填写，内容不全或字迹模糊，辨认不清；逾期送达；投标人的法定代表人或者其委托的代理人未参加开标会议的。

10. 评标并确定中标单位

评标委员会根据招标文件规定的评标方法和原则在交易中心对投标书进行评审，并提出中标单位建议。报请招标人上级主管部门和当地建设行政主管部门批准后确定中标单位。从开始评标至定标的时间，小型工程不超过 3 日，大中型工程不超过 10 日，特殊情况可以适当延长，但最长不超过 20 日。

1）评标、定标的原则

评标定标应当采用评分、记名投票或者其他公平可行的方式。其原则应以报价合理、施工技术先进、施工方案可行、工期和质量有保证、项目负责人工作量适当、招标文件和经审核的标底为依据。

（1）报价合理。报价合理并不是说报价越低越合理，而是指报价与标底接近。决标价的浮动一般不应超出审定标价的 $\pm 3\%$。

（2）保证质量。投标单位所提出的施工方案的技术一般应达到国家规定的质量验收规定的合格标准，所采取的施工方法和技术措施能满足建设工程的要求。招标人如要求工程质量达到优良，则应看其是否能保证这一目标的实现，应采用按质论价、优质优价的方法。

（3）工期适当。建设工期应根据住建部门颁发的工期定额，并考虑采取技术措施和改进管理可能压缩工期的因素，要求建设工期不超过工期定额的规定，如标底工期有提前的要求，则决标工期应接近或者少于标底所规定的工期。

（4）企业信誉良好。企业信誉良好是指投标人过去执行合同情况良好，承建类似工程的质量、工期符合合同规定要求，造价合理，有丰富的施工经验。

除上述四点基本条件外，还可以根据具体工程的实际情况提出一些要求。

2）评标、定标的方法和步骤

招标人必须按照平等竞争的原则，经过综合评选，择优选定中标人，不得以最低报价作为中标的唯一标准。评标、定标实际上是一个系统工程的多目标决策过程。评标的方法一般常用的有综合评分法、评议法和标价最接近标底价为中标者等方法。综合评分法的步骤如下。

（1）确定评标定标目标。报价合理是评标定标的主要依据之一，选择报价最佳的投标人是评标定标的主要目标之一，但并非唯一的目标。保证质量、工期适当、企业信誉良好应同时是评标定标的目标。在具体项目中确定哪些目标为评标、定标的目标要根据实际情况由专家研究确定。评标、定标的目标应在招标时事先明确，并写在招标文件中。

（2）确定评标定标目标量化及其计算方法。如某项目工程评标、定标目标，量化指标及计算公式如表 2-1 所示。

表 2-1　评标、定标目标，量化指标及计算公式

评标、定标目标	量化指标	计算公式
工程报价合理	相对报价 O_p	$O_p = \dfrac{报价}{标底} \times 100\%$
工期适当	工期缩短率 O_t	$O_t = \dfrac{招标工期 - 投标工期}{招标工期} \times 100\%$
企业信誉良好	优良工程率 O_n	$O_n = \dfrac{验收承包优良工程数目（面积）}{同期承包工程数目（面积）} \times 100\%$
施工经验丰富	近 5 年承包类似工程的经验率 O_g	$O_g = \dfrac{承包类似工程产值（面积）}{同期承包工程产值（面积）} \times 100\%$

（3）确定各评标定标目标（指标）的相对权重。各评标定标目标对不同的工程项目和招标人选择承包单位的影响程度是不同的。营利性的建筑和生产用户一般侧重在工期上，如果能在国家规定的工期定额或标底日期提前竣工交付使用，则可给招标人带来经济效益；对无营业收入的建筑工程则可能侧重造价，借以节约投资；而对一些公共建筑则可能偏重质量。因此，各评标定标目标的相对权数 K 要由专家根据各目标对工程项目的影响程度而定。

（4）对投标人进行多指标综合评价。

11. 发出中标通知书

招标人应当自确定中标人之日起 3 日内，向中标人发出由交易中心确认的中标通知书，并将中标结果以书面方式通知落标人。

未经交易中心确认的中标通知书无效。

12. 签订承发包合同

招标人应当自中标通知书发出之日起 30 日内，按照中标标价、招标文件和投标文件的内容，与中标人签订承发包合同。

中标人拒绝签订合同的，保证金不予退回。招标人拒绝签订合同的，应当向中标人支付双倍保证金。但招标人提供证据证明中标人有下列行为之一的，经建设行政主管部门确认，该中标无效，招标人可以不与中标人签订合同。

（1）中标人与其他投标人串通进行投标的。

（2）中标人以他人的名义进行投标的。

（3）中标人弄虚作假骗取中标的。

（4）施工招标的中标人与招标人与之选定的建设监理单位有隶属关系的。

（5）法律、法规规定的其他损害招标人利益或社会公共利益的。

2.2　获取招标文件、明确投标程序

2.2.1　获取招标文件

投标人可以通过多个渠道获取招标信息，如招标网站、行业协会、招标代理机构等。定期浏览这些来源，可以获取到最新的招标项目信息，以便及时参与。此外，政府相关部门通常会设立专门的招标信息发布平台，投标人可以在这些平台上注册并订阅相关园林工程招标项目的信息，确保不会错过任何机会。

在获取招标文件之前，投标人应确保所获得的招标信息准确无误。验证招标信息的途径可以包括与招标机构或业主进行联系确认，参考公告发布的官方渠道，以及与相关行业专家或经验丰富的投标人进行交流。这些步骤有助于消除信息误解和不准确性，确保投标人基于准确的信息进行后续准备工作。

一旦获得招标文件，投标人应仔细检查文件的完整性。确保没有遗漏的页面或章节，并检查是否有补充公告或修订通知。这些补充公告或修订通知可能对原始招标文件的某些方面进行了修改或澄清，对投标人非常重要。在文件完整性检查过程中，投标人还可以制作文件索引，以便更好地组织和查阅文件。

投标人需要对招标文件进行综合评估，特别要关注合同条款、风险分担、付款条件等方面的内容。评估项目的风险程度，确定是否具备参与投标的能力和资源，以避免投标后面临无法承担的风险。在进行风险评估时，投标人可以与法律顾问或经验丰富的团队成员合作，确保全面考虑潜在风险并做出明智的决策。

2.2.2 明确投标程序

投标人应根据项目需求组建具备相关专业知识和经验的投标团队。团队成员可以包括项目经理、设计师、工程师、财务人员等，各自承担不同的责任和任务。团队组建应根据各自职能的要求和园林工程的特点进行合理安排，确保团队的协作效率和整体能力。

制订详细的投标计划是投标成功的关键。投标人需要确定每个阶段的工作任务、时间节点和责任人，以确保在规定的时间内完成各项准备工作。投标计划应具体明确，包括关键里程碑、重要活动和交付物的时间表，以及团队协作和沟通的安排。

根据招标文件中的要求，投标人应制定详尽的投标文件，包括技术方案、工程量清单、报价等。技术方案应充分展示投标人的专业能力和创新思路，工程量清单和报价要准确无误。投标文件的准备过程需要充分协调和整合各个团队成员的工作成果，确保投标文件的一致性和完整性。

在投标文件制作完成后，投标人应进行内部审核，确保文件的准确性和完整性。通过内部审核，可以发现潜在的错误或遗漏，并进行必要的修改和调整，以提高投标文件的质量和竞争力。内部审核应由专业人员或经验丰富的团队成员进行，确保对各个方面进行全面审查。

×× 区工程建设
项目招标公布

2.3 熟悉评标规则与投标准备工作

2.3.1 熟悉评标规则

评标规则是招标过程中的重要指导文件，它规定了评标的程序、标准和要求。投标人应仔细研读评标规则，理解评标的流程和标准，以便在投标文件的准备过程中满足评标委员会的要求。

评标规则通常包含评标标准，这些标准是评判投标文件优劣的依据。投标人应仔细研究评标标准，了解评委会对技术方案、价格、工期、施工组织等方面的重视程度。通过了解评标标准，投标人可以有针对性地准备投标文件，突出自己的优势，提高评标得分。

除了评标标准，评标规则一般还包含评标的细则和具体要求。投标人应仔细阅读评标细则，了解每个细节要求，并确保在投标文件中全面满足这些要求。细致入微的准备工作可以提高投标文件的质量，增加投标的成功机会。

2.3.2 投标准备工作

投标人需要组织一个专业的投标团队来进行投标准备工作。该团队应包括技术人员、工程师、预算员、法律顾问等专业人士，以确保在各个方面都能提供准确、全面的信息和支持。投标团队应具备丰富的经验和专业知识，能够有效地协作和配合。

投标团队成员应根据各自的专业能力和责任，合理分工并协作配合。投标人需要明确每个团队成员的职责和任务，并确保团队成员充分了解自己的工作内容和要求。有效地分工合作可以提高投标文件的质量和效率。

投标人需要收集和整理与投标相关的各种必要信息。这包括场地调查报告、土壤测试结果、供应商报价、技术规范等。投标人应与相关部门和供应商合作，获取准确的信息，并确保这些信息在投标文件中得到正确的呈现和使用。

投标人需要制定符合招标文件要求的技术方案。技术方案应包括施工方法、工期安排、质量控制措施等内容。投标人应根据项目的特点和要求，制定切实可行的技术方案，并确保方案的合理性和可行性。

投标人需要确定合理的价格策略。考虑项目的成本、市场竞争、利润要求等因素，制定具有竞争力的价格方案。投标人应注意价格的合理性，避免定价过高或过低，以提高投标成功的机会。

2.3.3 投标文件准备

在投标文件中，技术部分是最为重要的内容之一。投标人需要编写清晰、详尽的技术方案，说明自己的施工方法、工程计划、质量控制措施等。技术方案应符合招标文件的要求，并突出投标人的技术实力和创新能力。

除了技术方案，经济部分也是投标文件的重要组成部分。投标人需要准确计算项目的成本，包括材料费用、人工费用、设备租赁费用等，并确定合理的利润要求。经济部分还应包括投标人的财务状况、信用评级等信息，以展示自己的经济实力和可靠性。

投标人需要说明自己的组织架构、项目管理能力和人员配备情况。包括介绍投标人的管理团队、项目经理的经验和资质等。投标人应强调自己的项目管理能力和团队协作能力，以提高投标的竞争力。

投标人应提供相关的资质证书和参考案例，以证明自己的专业能力和丰富经验。这包括施工资质证书、相关工程的竣工图纸、验收报告等。投标人可以选择一些具有代表性的项目案例，并详细介绍自己在这些项目中的工作内容和成绩。

根据招标文件的要求，投标人可能需要提供其他补充材料。包括投标保证金、商业登记证明、合作伙伴的推荐信等。投标人应仔细阅读招标文件，并准备相关的补充材料，以满足招标文件的要求。

在准备投标文件时，投标人需要对各个部分进行整理和编辑。投标文件应具有清晰的结构和逻辑，内容应准确、完整。投标人应进行审校和校对，确保没有任何错误和遗漏。

在准备投标文件时，投标人需要注意保密措施。投标文件中可能包含商业机密和敏感信息，投标人应采取适当的措施，确保投标文件的保密性，包括限制文件的访问、加密文件内容等措施。

2.3.4　投标文件的质量控制

在准备投标文件的过程中，投标人应进行仔细的校对和审校工作，包括检查文件的格式、拼写、语法和逻辑错误。校对和审校能够提高投标文件的准确性和专业性，确保文件的质量。

为确保投标文件的质量，投标人可以考虑聘请专业顾问进行评审和建议。专业顾问具有丰富的行业经验和专业知识，能够提供宝贵的意见和建议，帮助投标人进一步完善和提升投标文件的质量。

投标文件应具有内部内容的一致性和连贯性。各个部分之间的信息应相互衔接，内容应紧密联系，避免出现矛盾或重复的情况。投标人应进行整体的文件审阅，确保文件的逻辑性和连贯性。

投标文件的表达和排版应清晰、简洁。使用恰当的标题和段落分隔，使用易于理解的语言和术语，以确保投标文件的可读性和易理解性。此外，投标人还应注意文件的版式和格式，使其看起来专业、整洁。

投标文件应完整地包含招标文件要求的所有内容，并确保这些内容的准确性。投标人需要仔细阅读招标文件，了解文件要求，避免遗漏或错误地填写必要的信息。确保投标文件的完整性和准确性是投标成功的关键。

2.3.5　投标文件的提交和截止时间

投标人应提前准备和组织投标文件。投标人需要合理安排时间，确保在截止日期之前完成文件的准备和整理。提前准备可以避免出现错误，确保投标文件的质量和完整性。

投标人应根据招标文件的要求，打印足够数量的投标文件副本。文件的打印质量应良好，确保文件的清晰可读。此外，投标人还应备份文件的电子版本，以防止文件丢失或损坏。

投标人需要将投标文件进行封装和标识。封装可以保护文件的完整性和机密性，标识可以帮助评标委员会准确识别文件。投标人应在封装上标明项目名称、投标人名称和截止日期等必要信息。

投标人应根据招标文件的要求选择适当的文件送达方式。常见的送达方式包括邮寄、快递或亲自送达。投标人需要留出足够的时间，确保文件能按时送达指定的地点。

投标人必须严格遵守招标文件规定的截止时间。迟到的投标文件将被拒绝接收，无论其原因。投标人应提前计划送达时间，留出足够的时间以应对可能出现的意外情况。

2.3.6　投标文件的保密与版权

投标人应遵守招标文件中规定的保密要求。投标文件可能包含商业机密和敏感信息，投标人必须确保这些信息不被未经授权的人员获取。投标人可以采取加密文件、限制文件访问权限等措施，确保文件的保密性。

投标人在投标文件中应包含版权声明。版权声明可以明确表明投标文件的知识产权归属，防止他人未经授权使用投标文件的内容。投标人可以使用适当的版权声明样式或者编写自己的版权声明，确保投标文件的版权被有效保护。

投标人应保护自己的知识产权。投标文件中可能包含独特的技术方案、设计图纸、创新理念等，这些都是投标人的知识产权。投标人可以采取合理的措施，如申请专利或商标注册，保护自己的知识产权。

投标人应注意防止他人抄袭自己的投标文件内容。投标人可以使用水印、数字签名等技术手段，标识文件的原创性和独特性。此外，投标人还可以保留相关证据，以应对可能的知识产权侵权行为。

投标人应遵守当地法律法规和招标文件中的合规要求。投标人在准备投标文件时应确保内容的合规性，避免违反法律法规或违反招标文件的规定。投标人可以咨询专业律师或法律顾问，以确保自己的投标文件合规。

评标规则示例：
评标入围方法

2.4　确定园林工程投标决策

2.4.1　评估项目需求和要求

在确定园林工程投标决策之前，投标人需要对项目需求和要求进行全面评估。项目需求包括以下几个方面。

1. 技术要求

投标人应仔细分析项目的技术要求，了解工程的复杂程度、施工难度、所需技术和材料等。投标人需要评估自身是否具备相应的技术能力和经验，能否满足项目的要求。

2. 时间要求

投标人需要评估项目的工期要求，包括开始时间、完成时间和里程碑节点等。投标人需要确定自身是否能够按时完成工程，并合理安排施工进度。

3. 资金要求

投标人需要评估项目的资金要求，包括材料采购、人力成本、设备租赁等。投标人需要确保自身有足够的财力支持项目的顺利进行，并能够提供具有竞争力的报价。

4.资质要求

投标人需要评估项目对资质的要求，包括施工资质、安全生产资质等。投标人需要核实自身是否具备所需的资质，并确保资质的有效性和合法性。

5.相关政策和法规

投标人需要评估项目所涉及的相关政策和法规要求，包括环境保护、安全生产、建筑标准等。投标人需要确保自身能够符合这些要求，并有能力履行相应的责任。

2.4.2 项目风险评估

在确定园林工程投标决策之前，投标人需要从技术风险、市场竞争风险、经济风险、合同风险等几个方面进行项目风险评估。

1.技术风险

投标人需要评估项目存在的技术风险，包括工程的复杂性、新技术的应用、材料的可靠性等。投标人需要考虑自身的技术实力和经验，判断能否应对这些风险，并提出相应的解决方案。

2.市场竞争风险

投标人需要评估项目所处的市场竞争环境，包括竞争对手的数量、资质和报价等。投标人需要确定自身的竞争优势，并制定相应的竞争策略。

3.经济风险

投标人需要评估项目的经济风险，包括物价波动、劳动力成本、货币汇率等因素对工程造成的影响。投标人需要合理估计工程成本，并在报价中考虑这些风险因素。

4.合同风险

投标人需要评估合同条款对自身的风险影响，包括支付条件、违约责任、索赔与争议解决等。投标人需要仔细审查合同内容，并确保自身能够履行合同义务。

2.4.3 制定投标策略

在确定园林工程投标决策之前，投标人需要制定适合的投标策略。这包括定位与定价策略、合作伙伴选择、技术方案和创新、风险管理和应对措施、市场调研和信息收集等关键要点。

1.定位与定价策略

投标人需要确定自身在市场中的定位，确定自身的竞争优势和定价策略。投标人可以选择以低价争取市场份额，或以高质量和专业服务获得高利润。

2.合作伙伴选择

投标人可以考虑与其他公司或机构合作，形成联合体投标。选择合适的合作伙伴可以弥补自身的不足，提高投标的竞争力。

3. 技术方案和创新

投标人可以提供创新的技术方案，展示自身的专业能力和创造力。技术方案应与项目需求相符，并具有可行性和可实施性。

4. 风险管理和应对措施

投标人需要制定有效的风险管理和应对措施，减轻项目风险对自身的影响。这可以包括合理的风险分摊、保险保障、灵活的工期安排等。

5. 市场调研和信息收集

投标人应进行市场调研和信息收集，了解竞争对手的情况、项目需求的变化等。这可以帮助投标人制定更准确的投标策略，提高中标的机会。

2.4.4　资源评估和调配

在确定园林工程投标决策之前，投标人需要进行人力资源、设备和机械、材料供应和采购、财务和资金支持等方面的资源评估和调配。

投标人需要评估自身的人力资源，包括工程师、技术人员、施工人员等。投标人需要确定是否有足够的人力资源来完成项目，并合理安排人员的工作分工。

投标人需要评估项目所需的设备和机械，包括施工机械、工具、车辆等。投标人需要确保自身拥有或能够租赁所需的设备，并保证设备的正常运作和维护。

投标人需要评估项目所需的材料供应和采购情况。投标人需要了解材料的供应商和市场情况，并合理安排采购计划，以确保材料的及时供应和质量符合要求。

投标人需要评估自身的财务状况和资金支持能力。投标人需要确保有足够的资金支持项目的实施，并能合理管理项目的资金流动。

2.4.5　投标决策的风险与回报分析

在确定园林工程投标决策之前，投标人需要进行风险与回报分析。这可以帮助投标人全面评估投标的潜在风险和预期回报。

投标人需要识别和评估与项目相关的风险，包括技术风险、市场风险、合同风险等。投标人可以使用风险评估工具和技术，对风险进行量化和分析，以了解风险的概率和影响程度。

投标人需要评估投标成功后的预期回报，包括项目利润、市场份额增长、声誉提升等。投标人可以对投标结果进行财务和商业分析，计算预期回报率和投资回收期等指标。

投标人需要综合考虑风险与回报的关系，权衡投标的潜在风险和回报。投标人可以制定风险管理策略，采取相应的风险控制和应对措施，以最大限度地降低风险并实现可持续回报。

2.4.6　竞争情报和竞争策略

在确定园林工程投标决策之前，投标人需要进行竞争情报的收集和分析，并制定相应的竞争策略。

投标人需要了解竞争对手的情况，包括其资质、技术实力、业绩记录、报价水平等。通过对竞争对手的分析，投标人可以了解市场上的主要竞争者，评估其优势和劣势，为制定竞争策略提供依据。

投标人需要确定自身在市场中的定位和差异化策略。了解竞争对手的定位和市场份额，可以帮助投标人找到自身的竞争优势，并选择适合的定价策略、服务水平等。

投标人需要明确自身的价值主张，即为何选择该项园林工程投标。投标人可以通过提供独特的解决方案、高质量的施工和服务、创新的设计等来展示自身的价值。

投标人可以考虑与其他专业公司或机构建立合作伙伴关系，共同参与园林工程投标。合作伙伴关系可以扩大资源、提供专业能力和增加竞争力。

投标人需要制定适当的市场营销策略，包括宣传推广、品牌建设、参与行业展览和活动等。这些策略可以帮助投标人提高知名度、树立信誉，从而吸引更多的潜在客户。

2.4.7　决策的定期评估与调整

投标决策是一个动态的过程，投标人需要进行定期的评估和调整。

投标人应定期评估投标决策的有效性和可行性。这可以包括对市场环境、竞争态势和项目需求的重新评估，以及对自身资源和能力的再确认。

投标人应持续监控竞争对手的动向和策略调整。这有助于投标人及时做出反应，并根据市场变化调整自身的竞争策略。

投标人应不断学习和改进投标实务的知识和技能。参加行业研讨会、培训课程和专业交流活动，了解最新的投标实践和经验，从中汲取启示并不断改进自身的投标决策能力。

投标人应与客户和项目相关方保持良好的沟通，及时获取反馈信息。根据反馈信息，及时调整和改进投标策略和决策，以提高中标率和客户满意度。

2.5　园林工程投标标书制作

2.5.1　标书编写流程

为了确保标书的高质量和有效组织，投标人可以按照以下标书编写流程进行操作。

1.收集资料

投标人首先需要收集所有与标书编写相关的资料，包括公司介绍、技术方案、项目管理计划、经济投标等。这些资料可以作为编写标书的基础。

2. 制定大纲

根据招标文件的要求和投标人的策略，制定标书的整体大纲。大纲应包含标书的章节划分、内容安排和重点强调等。

3. 编写正文

根据大纲，逐步编写标书的正文部分。在编写过程中，投标人应注重逻辑性、清晰性和准确性，确保文字表达清楚、准确传达投标人的意图。

4. 插入图表和图片

在适当的位置插入相关的图表、图片和示意图，以增强标书的可读性和可视化效果。这些图表和图片可以用于展示技术方案、项目管理计划、工艺流程等。

5. 编写投标信函

在标书的开头或结尾，投标人需要编写投标信函。投标信函应包括对招标单位的致意和感谢，并表达投标人参与投标的意愿和承诺。

6. 校对和修改

在编写完成后，应进行仔细地校对和修改。检查标书中的拼写、语法和格式等方面的错误，并确保整体风格和内容的一致性。

7. 打印和装订

完成标书的最后一步是打印和装订。使用高质量的打印机和纸张，确保标书的打印质量。然后使用适当的装订方式，如钉装或胶装，使标书整洁、易于阅读。

2.5.2　标书制作准备

在开始制作园林工程投标标书之前，投标人需要进行一系列准备工作，以确保标书的质量和完整性。

1. 招标文件分析

投标人需要仔细分析招标文件，包括招标公告、招标文件、技术规范、合同条款等。通过对招标文件的分析，投标人可以了解项目的要求和条件，为标书制作提供准确的参考。

2. 标书组织结构设计

投标人需要设计标书的组织结构，包括章节划分、内容安排和排版风格等。合理的组织结构可以使标书的内容条理清晰、易于理解，并提高评标委员会对标书的印象。

3. 内容编写计划

投标人需要制订内容编写计划，明确每个章节的内容、责任人和完成时间。合理的计划可以确保标书的及时提交，并提高编写质量。

4. 信息收集和准备

投标人需要收集和准备标书所需的各种信息，包括公司资质证明、技术方案、施工计划、工期安排、人员组织结构、合同范本等。这些信息需要经过整理和归档，以便在编写标书时使用。

2.5.3 标书内容和要求

园林工程投标标书通常包含一系列内容和要求，以满足招标文件中的要求和项目需求。具体包括公司介绍、技术方案、项目管理计划、经济投标、合同条款和附加文件等多个方面。

标书需要包含投标人的公司介绍，包括公司的背景、历史、资质和业绩等。这可以帮助评标委员会了解投标人的实力和信誉。

标书需要详细描述投标人的技术方案，包括设计理念、施工方法、材料选用、工艺流程等。投标人需要突出自身的技术优势和创新点，以提升标书的竞争力。

标书需要包含投标人的项目管理计划，包括工期安排、人员组织、质量控制、安全管理等。投标人需要展示出良好的项目管理能力和经验，以提高标书的可靠性。

标书需要包含经济投标部分，包括工程造价估算、报价明细、付款方式等。投标人需要确保报价合理、透明，并符合招标文件中的要求。

标书需要包含与招标文件相关的合同条款和附加文件，如招标保证金、履约保证金、质量保证书等。投标人需要遵守招标文件中规定的合同条款，并提供必要的附加文件。

2.5.4 标书评估指标

在编写标书时，了解评标委员会的评估指标是非常重要的。常见的标书评估指标通常包括技术方案的创新性和可行性、项目管理计划和工期安排、质量控制和风险管理、价格合理性和经济可行性、项目经验和参考案例、可持续性和环保考虑、合同条款和法律要求等方面。

评估委员会通常会关注投标人的技术方案是否具有创新性和可行性。投标人可以在标书中突出自己的技术创新，说明方案的技术可行性和实施效果。

评估委员会会审查投标人的项目管理计划和工期安排。投标人可以详细描述项目的组织架构、资源调配、工期计划等，以展示自己对项目管理的能力和经验。

评估委员会会关注投标人的质量控制和风险管理能力。投标人可以在标书中说明自己的质量管理体系、风险评估和控制措施，以展示自己对项目质量和风险的重视程度。

评估委员会会评估投标人的报价和经济可行性。投标人需要确保报价合理、透明，并与标书中的技术方案和项目管理计划相匹配。

评估委员会通常会考虑投标人的项目经验和参考案例。投标人可以在标书中详细介绍自己的类似项目经验和成功案例，以展示自己的能力和信誉度。

评估委员会在评估标书时可能会考虑可持续性和环保因素。投标人可以在标书中描述自己的环保措施、可持续发展策略等，以展示自己对环境保护的重视程度。

评估委员会会审查标书中的合同条款和法律要求是否符合招标文件的规定。投标人需要确保自己的标书在法律和合同方面符合要求，以避免被评估委员会认为不合格。

了解这些评估指标并在标书中有针对性地展示自己的优势和能力，有助于提高投标人的竞争力和获胜机会。

2.5.5　商务标编制

商务标里应包括投标书、授权委托书、标函简表、投标综合说明、工程项目施工管理委托书、工程项目施工管理承诺书、履约保函格式、报价汇总表、资格证明材料等。

1. 投标书

投标书是对某项工程投标的文件，需要包括投标报价及相关承诺。按招标文件规定的内容及格式示例如下。

【示例】　某投标书可能包含以下条款。

（1）根据已收到的工程招标文件，遵照××市建设工程施工招投标管理的有关规定，在考察现场和研究招标文件后，我单位愿以××万元（大写：××）人民币（工程总价）的投标报价按招标文件的要求承包本次招标范围内的全部过程。

（2）我方保证在收到招标单位发出的书面开工令后立即开工，并且在××天内竣工，如果在实施过程中是因施工单位造成工期延误的按××万元/天进行罚款。

（3）我方保证本项工程能达到优级的等级质量和优先选择几标段中标。

（4）我单位（施工单位）承诺在投标书中配备的机械设备在施工过程中一定要全部到位，如不能到位，按机械设备购买原价的50%进行罚款。

（5）在施工过程中，我单位承诺配备的项目经理在施工过程中一定到位，如需离开须向业主提出书面申请征得业主同意，并罚款5万元；如需更换项目经理须向业主提出书面申请征得业主同意，并罚款10万～15万元；如业主不批准项目经理离开或更换，项目经理绝不擅自离开或更换。

（6）我单位承诺的在本项目中配备的主要工种施工人员为我单位在编人员，在工程施工过程中一定到位，同时在该工程未竣工前不擅自离开或更换；如需离开或更换须向业主提出书面申请征得同意，并罚款5万～10万元；如业主不批准离开或更换，我单位的主要工种施工人员绝不擅自离开或更换。

（7）招标单位的招标文件、中标通知书和本投标文件将构成约束双方的合同。

---

2. 授权委托书

在法定代表人不能及时参与投标过程中审阅、签字、盖章时，法定代表人可以授权委托书来委托项目经理或公司里的其他主要管理人员为该投标过程中法人的委托人，并以公司的名义参加该招标工程的投标。授权委托人所签署的一切文件和处理与之有关的一切事务，法人均予以承认，但是授权委托人无转委托权的权力。

3. 标函简表

标函简表主要是填写工程的报价及项目经理情况表和企业业绩。

投标综合说明：对该工程的概述、编制依据、编制范围、承诺条件和养护前提条件。

4. 报价工程量综合苗价清单

报价时要摸清市场行情、价格、质量、类型等信息后再下手制作，俗话说"货比多家"，充分利用在网上查到的信息、市场询价及其从行家那打听到的价格作为参考价，定一个合理的苗木进价，在此基础上加上人工费、运输费、养护费、苗木行情及苗木种植成活率等多种因素最终做出相应的报价。

5. 报价汇总表

报价汇总表包括绿化部分、景观部分、土方部分。

6. 施工组织机构人员

简述施工组织机构人员的姓名、人员类型、职称及其工作经验等。

7. 资格证明材料

其主要提供公司企业资质证书、税务登记证、企业营业执照、项目经理资质证书、单位业绩、社会信誉等资料。

8. 其他材料

在商务标编制中一般还包括工程项目施工管理委托书、工程项目施工管理承诺书和履约保函格式等材料。

2.5.6 技术标编制

技术标包括明标或暗标，以招标文件的规定为主，技术标中的施工组织设计是关键内容，所以要特别注意。

施工组织设计又称施工组织方案，主要包括施工方法及技术措施、主要机具设备及人员专业构成、质量保证体系及措施、工期进度安排及保证措施、安全生产及文明施工措施、施工平面布置图等内容。

1. 主要施工方法及技术措施

施工前的准备工作是一个关键的环节，所谓"兵马未动，粮草先行"。在施工前首先要做好施工队伍的培训，落实主要材料的采购、管理人员和施工人员的办公用房及生活用房、项目经理等管理人员的配备。

1）技术准备

在施工前对设计图纸进行详细研究，充分理解其图纸的设计内容，仔细研究设计的主题立意，提炼设计的中心和重点内容，分析项目的技术难点，制定相关的解决措施及应急方案。并根据设计图纸对施工现场进行勘察，研究其内在因素（种植地环境、土质、地下水位、地下管线、建筑与树木相邻空间等），发现疑问，立即向招标单位提出，以便施工图的完善。了解种植水源、施工用地、进出场地交通线路的分布，制订相应的用水、用电、交通组织计划。根据设计标高和现状作好土方平衡计划，根据相关的工程进度编制与之相关的园林植物种植施工计划和应急预案。对其施工的难点、施工的技术要点进行分析，并提出合理的施工计划。认真分析各种树木、花卉的生长习性，以掌握其种植技术，提高成活率。

2）材料准备

在承建本工程前，首先准备与本工程相关的主要材料及辅助施工材料。主要材料包括树木、花卉、绿地排水工程用料；辅助材料包括工程施工用机械设备、测量器具及施工器具。按照设计图纸规定对各类树木、花卉进行市场调查，确定其来源地，并与苗木供应商取得联系，签订供货合同，在保证符合设计要求的前提下，根据苗木优质、运距等情况择优选择供货单位。对施工用具、机械设备进行生产前检修，保证完好无损。

2. 工程形象进度安排表

工程形象进度安排表需要包括本工程从开工到竣工安排的形象进度计划，如人员设备进场、放样、乔木种植、灌木种植、支撑绑扎、地被植物的种植养护、设备退场等。

3. 主要机械设备表

公司现有的机械设备汇总，及其各类机械的规格、用途的介绍。

4. 养护专业人员的构成及配置

养护专业人员的构成及配置部分需要介绍人员类型、职称、主要资质及从事绿化工作年数，并加以分配各自的任务及责任。

5. 管理人员及组织体系

管理人员及组织体系部分需要介绍主要管理人员职称，在其施工过程中起主导作用，掌握工程特点，制订施工计划，对其工程进度要把关，并要对其检查监督，对工程进度、质量、安全、生活都要全方位了解并及时解决问题，要定期向指挥部门汇报生产情况，负责各部门配合、协调工作，并且在施工过程中作好工地资料的统计以及合理安排工作小组对其一套程序的实施，并要做好监控工作，掌握工程质量，把技术性用到实处，保证工程施工计划的贯彻执行，提高工作效率，提高工程质量。

6. 质量管理体系和保证体系及措施

在公司技术负责人统一领导下，由项目经理、项目技术负责人、项目质量员具体负责本工程的质量监控和管理，使工程质量等级纳入投标质量等级的控制目标。公司工程技术科、质量、材料设备和经营、财务各部门配合现场项目班子进行预控监督、检测和管理。

7. 安全生产保护措施

安全生产保护措施主要包括安全生产责任制、新进企业工人须进行三级教育、分部分项工程安全技术交底、特种作业持证上岗、安全检查、班组"三上岗、一讲评"活动、"十牌一图"安全标牌。其中安全生产责任制要落实到人，总分包之间必须签订安全生产协议书；要认真建立"职工劳动保护记录卡"，及时做好记录；进行全面的针对性的安全技术交底，受交底者履行签字手续；安全检查有记录；对班组的安全活动要有考核措施；施工现场必须有"十牌一图"，即工程概况牌、安全纪律牌、安全十禁止牌、用电牌、文明卫生管理牌、安全标志牌、防火保卫牌、安全生产十不准牌、噪声管理牌、管理人员名单及监督电话牌和施工平面图。

8. 文明施工保证措施

1）现场布置图

现场布置图必须根据场地实际合理布置，设施设备按平面布置图规定设置堆放，并随施工结构、装饰等不同阶段进行场地调整。

2）道路与场地

文明施工保证措施中还需要对道路与场地作出要求，需要保证道路硬化畅通、平坦、整洁，不乱堆乱放、无散落物，建筑物周围应浇捣散水坡，四周保持清洁，场地平整不积水，无散落"五头""五底"及散物，场地排水成系统，并畅通不堵。建筑垃圾必须集中堆放，及时处理。

3）班组落手清

班组必须做好操作落手清，随做随清，物尽其用。在施工作业应有防止尘土飞扬、泥浆洒漏、污水外流、车辆沾带泥土运行等措施。有考核制度，定期检查评分考核，成绩上牌分布。

9. 节约保护措施

（1）规范操作，树木土球符合标准。

（2）规范包装，轻装轻卸，不超高、不超重，不损坏树皮及枝条。

（3）加强工序管理，提高种植成活率，提高经济效益，美化景观，节约植物资源。

2.5.7　标书质量控制

在标书制作过程中，投标人需要进行质量控制，以确保标书的高质量和一致性。以下是一些常见的标书质量控制措施。

1. 校对和审查

在标书编写完成后，进行仔细地校对和审查。多人参与校对，以确保标书中的语法、拼写和格式等方面没有错误，并保持整体的一致性。

2. 技术审核

请专业人员对标书中的技术方案、工艺流程和项目管理计划等进行审核。他们可以提供有关技术可行性和合规性方面的反馈和建议。

3. 内容审查

请专业人员对标书的内容进行审查，以确保标书的内容充实、准确和与招标文件要求相符。

4. 风格统一

确保标书中的风格和格式统一。使用相同的字体、字号和标题样式，并保持段落间距、页边距等方面的一致性。

5. 文件完整性

确保标书中的所有文件和附件都完整、准确地包含在标书中。缺少文件或附件可能会导致标书被视为不完整或不符合要求。

6. 标书保密

在标书制作过程中，确保标书的保密性。只有授权人员可以访问和处理标书文件，以防止未经授权的泄露。

2.5.8　标书制作技巧和注意事项

在制作园林工程投标标书时，投标人可以采用一些技巧来提高标书的质量和竞争力。

标书的语言应清晰简洁，避免使用复杂的专业术语和难以理解的句子。标书应注重逻辑性和条理性，以便评标委员会能够准确理解投标人的意图。

在标书中，投标人需要突出自身的竞争优势和独特价值，如技术实力、项目经验、创新能力等。投标人可以使用图表、图片和案例分析等方式来展示重点内容。

标书中的细节应尽可能完善和准确。投标人需要确保所有信息和数据的准确性和可靠性，避免出现错误和疏漏。

标书的外观和排版应专业规范。使用合适的字体、字号和格式，确保标书整洁、易读。同时，标书的封面和封底应设计精美，展示投标人的品牌形象。

在完成标书制作后，投标人应进行仔细地校对和修改。确保标书中的语言和格式等方面没有错误，并保持一致性和连贯性。

2.6　标书的投送及开标、评标

2.6.1　标书的投送

标书的投送是指将编写完毕的标书提交给招标单位的过程。在投送之前，投标人应仔细检查标书的完整性和准确性。确保标书中的所有必要文件、附件和签名都齐全，并符合招标文件中的要求。

根据招标文件中规定的要求，选择适当的投送方式，包括快递、挂号邮寄或亲自递交。选择可靠的投送方式，可以确保标书的安全送达。

严格遵守招标文件中规定的投送截止日期和时间。提前做好准备，确保标书及时送达，避免延误。在进行标书投送后，投标人应及时确认招标单位是否收到标书。这可以通过邮件、传真或电话等方式与招标单位进行确认。

2.6.2 标书开标与评标

标书开标是指招标单位在规定的时间和地点公开拆开投递的标书，并对其进行初步审查的过程。评标是根据招标文件的要求，对开标合格的标书进行详细评审和比较，以确定中标单位。

1. 标书开标和评标过程中需要注意的事项

标书开标过程应具备公开性和透明度。招标单位应邀请投标人代表出席开标仪式，并确保其他感兴趣的投标方参与其中，以建立公平竞争环境。

招标单位应详细记录开标过程，包括标书开启时间、与招标文件要求的符合度、文件完整性等。这些记录将成为评标过程中的重要参考。

招标单位应组建评标委员会，由专业人士组成，负责对标书进行评审和比较。评标委员会应遵循公正、客观和透明的原则进行评标。

评标委员会根据招标文件中规定的评标标准和权重对标书进行评审。这些标准可能包括技术方案的可行性、报价的合理性、施工计划的可行性等。

评标委员会根据评审结果，确定中标单位或提供评审报告。中标单位将根据评标结果与招标单位进一步进行谈判和合同签订。

2. 开标和评标过程的一般程序

开标仪式是在规定的时间和地点进行的正式会议。在仪式上，招标单位会公开拆开投递的标书，并对其进行初步审查。这个过程中，通常有一名工作人员负责记录和审核开标的过程和结果。

在开标过程中，工作人员会核对标书的完整性和符合性，会检查标书中所提供的文件、附件、签名等是否齐全，并确保标书的格式和结构符合招标文件的要求。

开标后，评标委员会将对合格的标书进行评审。评审过程中，评标委员会会根据招标文件中规定的评标标准和权重，对标书的技术方案、报价、施工计划等进行综合评估。

评标委员会将对评审后的标书进行比较和排名。他们会根据标书的质量、合理性和符合性等因素，确定中标单位和备选单位的顺序。

评标委员会将最终的评审结果提交给招标单位进行确认。招标单位会审查评标委员会的评审报告，并最终确认中标单位和备选单位。

招标单位会在规定的时间内公示中标单位和备选单位的结果。这可以通过张贴公告、网站发布、邮件通知等方式进行。

2.6.3　投标结果通知

招标单位将通过书面通知的方式，向中标单位发送投标结果通知。在投标结果通知中，招标单位将明确指示中标单位和未中标单位，并提供相关的解释和说明。

对于中标单位，投标结果通知还将包括中标合同的签订事宜，包括合同的条款、付款方式和项目启动的安排等。对于未中标单位，投标结果通知可能包含招标单位对其标书的评价和建议，以供其参考和改进。

2.6.4　争议处理和申诉

在招标过程中，可能会发生争议或投标人对评标结果表示不满。为了确保公平和透明，招标单位应设立争议处理和申诉机制。

投标人可以根据招标文件中规定的程序，向招标单位提出书面的申诉或异议。招标单位将认真审查并处理这些申诉，并根据情况作出相应的解释和调整。

招标单位应确保争议处理和申诉程序公开透明，确保投标人的权益得到维护。这有助于建立一个公平竞争的招标环境，并维护招标单位的声誉和形象。

2.6.5　评标结果的公布与合同签订

评标结束后，招标单位会公布中标单位和备选单位的结果。这一结果通常通过公告、邮件通知或官方网站等方式进行公示。公示内容通常包括中标单位的名称、中标金额、项目启动时间等。这些信息对于中标单位和其他投标人都具有重要参考价值。

备选单位公示是指招标单位公布未中标但在评标中表现出色的投标人名单。备选单位公示是对其优秀表现的认可，并为今后的类似项目提供参考。

中标单位在收到中标通知后，将与招标单位进行谈判并签订合同。合同中将详细规定项目的具体要求、进度计划、支付方式等。双方需仔细审阅并确保合同内容符合双方的意愿和承诺。

2.6.6　未中标后的处理

对于未中标的投标人，可能需要处理一些未中标后的事项。

未中标的投标人可以向招标单位申请评标反馈，了解评标结果和评审过程。这有助于投标人了解自身的不足之处，并为今后的投标活动做出改进和提升。

未中标的投标人可以对中标单位和其他竞争对手的标书进行分析研究，了解其竞争策略和优势所在。这有助于投标人在未来的投标活动中提升自身的竞争力。

未中标并不意味着结束，投标人可以继续寻找新的投标机会。这可能需要积极关注招标信息、建立更多的业务联系，并不断提升自身的专业能力和竞争力。

园林工程招标
投标模拟训练

与招标单位保持良好的关系和沟通是非常重要的。即使未中标，投标人仍可以与招标单位保持合作伙伴关系，参与其他项目的合作和咨询。

学习笔记

研讨与练习

1. 简述招标文件的主要内容。

_____

_____

_____

2. 简述园林工程招标的程序。

_____

_____

_____

3. 简述招标的方式。

_____

_____

_____

4. 简述招标文件的主要内容。

_____

_____

_____

5. 常用的园林工程投标技巧有哪些?

_____

_____

_____

6. 园林工程投标标书的主要内容有哪些?

_____

_____

_____

7. 简述园林工程施工合同的内容。

_____

_____

_____

项目3 园林工程量计算

1. 了解园林建设工程项目的划分。
2. 掌握园林工程量计算规则与方法。

1. 能熟记园林绿化工程分部分项工程项目的组成。
2. 能读懂施工图纸，正确计算绿化工程量，园路、园桥及假山工程量，园林景观工程量。

3.1 园林工程量计算的原则及步骤

3.1.1 工程量计算的原则

为了保证园林工程量计算的准确性，必须遵循以下计算原则。

1. 计算口径要与预算定额一致

计算工程量时，施工图列出的分项工程口径（指分项工程包括的工作内容和范围）与预算定额中相应分项工程的口径一致。例如，水磨石分项工程，预算定额中已包括了刷素水泥浆一道（结合层），则计算该项工程量时，不应另列刷素水泥浆项目，以免造成重复计算。相反，分项中设计有的工作内容，而相应预算定额中没有包括时，应另列项目计算。

2. 计算规则与预算定额要一致

工程量计算必须与预算定额中规定的工程量计算规则（或计算方法）相一致，才符合定额的要求。例如，工程中，一砖半墙的厚度，无论施工图中标注的尺寸是"360"或"370"，都应以预算定额计算规定的"365"进行计算。

3. 计量单位要与预算定额一致

计算工程量时各分项工程量的计量单位，必须与预算定额中相应项目的计量单位一致。例如，预算定额是以 m^3 作单位的，所计算的工程量也必须以 m^3 为单位。定额中有许多采用扩大定额（按计量单位的倍数）的方法来计量。栽植绿篱分项工程的计量单位是

10 延长米，而不是种植面积或株数，则工程量单位也是 10 延长米；整理绿化地分项工程一般计量单位是 m^2，而在定额中的计量单位是 $10m^2$，为套用定额方便绿化地整理的工程量计量单位要换算成 $10m^2$。如整理绿化用地为 3 000m^2，换算后为 300（$10m^2$）。

4. 计算精度要一致

为了计算方便，工程量的计算结果统一要求为：一般应精确到小数点后 3 位；汇总时取两位；钢材（以 t 为单位）、木材（以 m^3 为单位）精确到 3 位小数，kg、件取整数。

5. 计算顺序要合理

计算工程量时要按照一定的顺序逐一进行计算，一般先划分单项或单位工程项目，再确定工程分部分项内容。针对定额和施工图纸确定分部分项工程项目之后，对于每一个分项工程项目计算都要按照统一的顺序进行。下面只选择几种作简要介绍。

（1）按工程施工顺序计算即按工程施工顺序的先后来计算工程量。例如，在计算一个综合的园林工程的工程量时，一般按整地工程、园路工程、园景工程、栽植工程的顺序进行计算。

（2）按定额项目顺序计算即按定额所列分部分项工程的顺序来计算工程量。

（3）按顺时针方向计算即计算时从图纸的左上方一点起，由左至右环绕一周后，再回到左上方这一点止。

（4）按"先横后竖"计算即在图纸上先计算横项内容，后计算竖项内容，按从上而下、从左至右的顺序进行。千万不能按图纸上的内容看到哪里算到哪里，这样容易造成漏算和重算。

（5）按图纸编号顺序计算按图纸上所注各种构件、配件的顺序来进行计算。

6. 工程量计算所用原始数据必须和设计图纸相一致

工程量是按每一分项工程，根据设计图纸进行计算的，计算时所采用的原始数据都必须以施工图纸所表示的尺寸或施工图纸上能读出的尺寸为准进行计算，不得任意加大或缩小各部位尺寸。

3.1.2 工程量计算的步骤

1. 列出分项工程项目名称

根据施工图纸，并结合施工方案的有关内容，按照一定的计算顺序逐一列出单位工程施工图的分项工程项目名称。所列的分项工程项目名称必须与预算定额中相应项目名称一致。

2. 列出工程量计算公式

分项工程项目名称列出后，根据施工图纸所示的部位、尺寸和数量，按照工程量计算规则，分别列出工程量计算公式。工程量计算通常采用计算表格进行，如表 3-1 表示。

表 3-1 一般工程量计算表

序号	分项工程名称	规格	计算式	工程数量	单位	备注

3. 调整计量单位

通常计算的工程量都是以 m、m²、m³ 等为单位，但预算定额中往往以 10m、10m²、10m³、100m²、100m³ 等为计量单位，因此还需将计算的工程量单位按预算定额中相应项目规定的计量单位进行调整，使计量单位一致，便于以后的计算。

4. 结合工程量计算规范求出分项工程量

按照计算顺序，根据工程量计算规范，逐一求出各分部分项工程工程量。对于不能直接参与计算的工程量项目，应根据工程量计算规范进行换算，求出工程量。

3.2 园林工程项目的划分

园林建设工程项目是指在一个场地上或数个场地上，按照一个总体设计进行施工的几个单项园林工程项目的总和。因此，为了便于对工程进行管理，使工程预算项目与预算定额中项目相一致，就必须对工程项目进行统一划分。园林建设工程项目可划分为单项工程、单位工程、分部工程和分项工程，如图 3-1 所示。

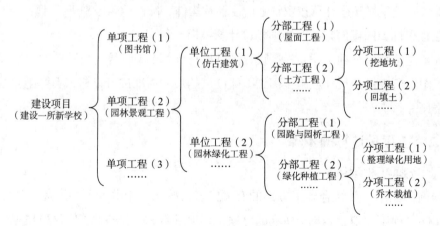

图 3-1 园林工程项目的划分举例

3.2.1 单项工程

单项工程是具有独立存在意义的一个完整工程，是在一个工程项目中，具有独立的设计文件，竣工后可以独立发挥生产能力或效益的工程，是建设工程项目的组成部分。一个建设工程项目中可以有几个单项工程，也可以只有一个单项工程。例如，一个学校建设项目中可由教学楼、园林景观工程、图书馆等多个单项工程组成。

3.2.2 单位工程

单位工程是指具有单列的设计文件，可以进行独立施工，但不能单独发挥作用的工程，是单项工程的组成部分。例如，园林景观工程中的仿古建筑、园林绿化工程等。

3.2.3 分部工程

分部工程是指按单位工程的各个部位或按照使用不同的工种、材料和施工机械而划分的工程项目，是单位工程的组成部分。例如，园林绿化工程可分为绿化种植、园路园桥工程、假山工程等分部工程。

3.2.4 分项工程

分项工程是指分部工程中按照不同的施工方法、不同的材料、不同的规格等因素划分的最基本的工程项目，是园林工程预算中最基本的计算单位，是分部工程的组成部分。分项工程一般情况下通过较为简单的施工就能完成，通常是确定工程造价的最基本的工程单位。例如，绿化种植工程分为整理绿化用地、乔灌木栽植、草坪铺栽等多个分项工程。

为了便于统一计算，园林工程通常用分部分项工程进行划分。其中园林绿化工程一般可以划为五个分部工程，即绿化种植工程、绿化养护工程、园路与园桥工程、假山工程及园林小品工程，如图 3-2 所示。

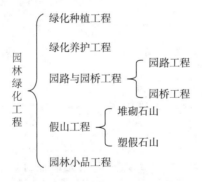

图 3-2 园林绿化工程分部工程的划分

3.3 土方工程量计算

土方工程是园林建设工程中的主要工程项目，主要包括挖土、填土、弃土、回填土等，具体有平整场地、挖土方（包括平整场地、挖地槽、挖柱基、挖土方、运土）；回填、堆筑、修整土山丘（包括回填土、地平原土打夯、堆筑及修整土山丘）；围堰及木桩钎［包括袋装围堰筑堤、打木桩钎（也称打梅花桩）、挖运淤泥、围堰排水〕等。

3.3.1 概念界定

1. 平整场地

凡土层厚度在 ±30cm 以内的填、挖、找平按平整场地计算。工程量按每边增加2m（绿化工程按设计图示尺寸），单位以 m² 计算。

2. 挖基坑

图示坑底面积在 20m² 以内，执行基坑定额子目。单位以 m³ 计算。

3. 挖沟槽

图示沟槽底宽 3m 以内，沟槽长度大于宽度 3 倍以上执行沟槽定额子目。单位以 m³ 计算。

4. 挖土方

图示挖沟槽底宽在 3m 以上，地坑底面积在 20m² 以上，平整场地厚度在 ±0.3m 以上者，均按挖土方计算。单位以 m³ 计算，如表 3-2 所示。

表 3-2 平整场地、挖基坑、挖沟槽、挖土方的划分

项　　目	平均厚度 /cm	坑底面积 /m²	槽底宽度 /m
平整场地	≤ 30		
挖基坑		≤ 20	
挖沟槽			≤ 3
挖土方	＞ 30	＞ 20	＞ 3

3.3.2 计算工程量的有关规定

1. 工作面

工作面是指在槽坑内施工时，在基础宽度以外还需增加工作面，其宽度应根据施工组织设计确定；若无规定时，可按表 3-3 所示确定。

表 3-3 槽坑内施工一般应增加工作面

基础工程施工项目	每边增加工作面 /cm	基础工程施工项目	每边增加工作面 /cm
毛石砌筑基础	15	使用卷材或防水砂浆做垂直防潮面	80
混凝土基础或基础垫层需支模板	30	带挡土板的挖土	10

2. 放坡

放坡是指在土方工程施工中，为了防止侧壁塌方，保证施工安全，按照一定坡度所做成的边坡。挖干土方、地槽、坑，一、二类土深在 1.2m 以内，三类土深在 1.5m 以内，四

类土深在 2m 以内者均不计算放坡，超过以上深度，如需放坡按设计规定计算；如无设计规定，可按放坡系数计算。

（1）放坡系数见表 3-4。

表 3-4　人工挖土、沟槽、基坑放坡系数表

土壤类别	人工挖土深度在 5m 以内的放坡系数	放坡起点 /m
一、二类土	1∶0.5	1.2
三类土	1∶0.33	1.5
四类土	1∶0.25	2.0

（2）放坡坡度：根据土质情况，在挖土深度超过放坡起点限度时，均应在其边沿做成具有一定坡度的边坡。

土方边坡的坡度以其高度 H 与底 B 之比表示，放坡系数用 K 表示，$K=H/B$，如图 3-3 所示。

3. 土方体积折算

土方的体积按自然密度计算，填方按夯实后的体积计算；淤泥流沙按实际计算；运土方按虚方计算时，其人工乘以系数 0.8，土的各种虚实折算见表 3-5。室内回填土的体积，按承重墙或墙厚在 18cm 以上的墙间净面积（不扣除垛、柱、烟囱和间壁墙等所占面积）乘以厚度计算。

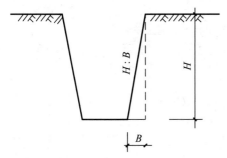

图 3-3　土方放坡图

表 3-5　土虚实折算表

虚土	天然密实土	夯实土	松填土
1.00	0.77	0.67	0.83
1.30	1.00	0.87	1.08
1.50	1.15	1.00	1.25
1.20	0.92	0.80	1.00

4. 挖土的起点

地槽、基坑的挖土均以设计室外地坪标高为准计算。

3.3.3　土方工程量计算规则

1. 平整场地

1）平整场地计算规则

（1）清单规则：按设计图示尺寸以建筑物首层面积计算。

（2）定额规则：按设计图示尺寸以建筑物外墙外边线每边各加 2m 以建筑物首层面积

计算。

2）平整场地计算公式

平整场地的工程量，按建筑物（底层）外墙外边线每边各加宽 2m 计算其面积。其计算公式为

$$S=（A+4）\times（B+4）=S_底+2L_外+16$$

式中：S——平整场地工程量；

A——建筑物长度方向外墙外边线长度；

B——建筑物宽度方向外墙外边线长度；

$S_底$——建筑物底层建筑面积；

$L_外$——建筑物外墙外边线周长。

2. 基础土方开挖计算

1）开挖土方计算规则

（1）清单规则：挖基础土方按设计图示尺寸以基础垫层底面积乘挖土深度计算。

（2）定额规则：人工或机械挖土方的体积应按槽底面积乘以挖土深度计算。槽底面积应以槽底的长乘以槽底的宽，槽底长和宽是指基础底宽外加工作面。当需要放坡时，应将放坡的土方量合并于总土方量中。

2）开挖土方计算公式

（1）清单规则：

$$土方体积 = 挖土方的底面积 \times 挖土深度$$

（2）定额规则：

基槽开挖的计算公式为

$$V=（A+2C+K\times H）H\times L$$

式中：V——基槽土方量；

A——槽底宽度；

C——工作面宽度；

K——放坡系数；

H——基槽深度；

L——基槽长度。

其中外墙基槽长度以外墙中心线计算，内墙基槽长度以内墙净长计算，交接重合处不予扣除。

基坑开挖的计算公式为

$$V=1/6H[S_上+S_下+4S_0]=1/6H[A\times B+a\times b+（A+a）\times（B+b）]$$

式中：V——基坑体积；

A——基坑上口长度；

B——基坑上口宽度；

a——基坑底面长度；

b——基坑底面宽度；

$S_{上}$——上表面积；

$S_{下}$——下表面积；

S_0——1/2 处面积。

3. 回填土计算

回填土分松填、夯填两种，工程量以 m^3 计算其体积。回填土的范围有基槽回填、基坑回填、管道沟槽回填和室内地坪回填等。

（1）基槽回填是将墙基础砌到地面上以后，将基槽填平。填土通常按夯填项目计算，其工程量按挖方体积减去设计室外地坪以下埋设砌筑物（包括基础、基础垫层等）体积计算。

基槽回填的计算公式为

$$V_{槽填} = V_{挖} - V_{埋}$$

式中：$V_{槽填}$——基槽回填土体积；

$V_{挖}$——挖土体积；

$V_{埋}$——设计室外地坪以下埋设的砌筑量。

（2）基坑回填土是指柱基或设备基础，浇筑到地面以后，将基坑四周用土填平。此项目也按夯填计算。

基坑回填土的计算公式为

$$V_{坑填} = V_{挖} - V_{埋}$$

式中：$V_{坑填}$——基坑回填土体积。

4. 运土方计算

运土是指把开挖后的多余土运至指定地点，或是在回填土不足时从指定地点取土回填。土方运输应按不同的运输方式和运距分别以立方米计算。

$$运土工程量 = 挖土总体积 - 回填土总体积$$

上式的计算结果为正值时表示余土外运，为负值时表示取土回填。

【例3-1】 某景区需挖长 60m、宽 2m、深 1.2m 景观溪流，溪边用混凝土基础做垫层，按三类土计算，请计算挖土方工程量是多少？

【解】 $(60+0.3×2)×(2+0.3×2)×1.2 = 189.07$ （m^3）

思考：若将深度改为 1.6m，工程量有变化吗？

【例3-2】 某园林建筑小品混凝土基础如图3-4所示，$a=780$，$H=1.2$，$K=0.5$，人工挖土，试计算其土方工程量。

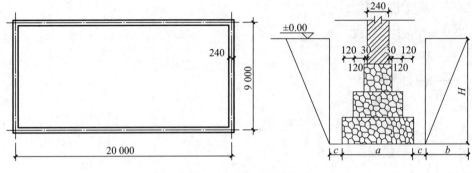

图 3-4 毛石基础结构图

【解】 根据土方工程量计算规则及相关规定可知：一、二类土放坡起点为 1.2m，基础深为 1.2m，故沟槽需放坡，坡度系数为 0.5。三类土放坡起点为 1.5m，基础深为 1.2m，故沟槽可不放坡。混凝土基础的工作面 c 为 30cm。

外墙沟槽长度按其中心线长度计算，可知沟槽长度为

$$L=[(20+9)\times 2-0.24\times 4]=57.04（m）$$

注意：0.24×4 为 1/2 砖墙四个墙角重叠尺寸。

（1）如土壤为一、二类土时放坡，挖沟槽的工程量为

$$V_1=(a+2c+KH)\times H\times L$$
$$=(0.78+2\times 0.30+0.5\times 1.2)\times 1.2\times 57.04=135.53（m^3）$$

（2）如土壤为三类土时不放坡，挖沟槽的工程量为

$$V_2=(a+2c)\times H\times L$$
$$=(0.78+2\times 0.30)\times 1.2\times 57.04=94.46（m^3）$$

3.4 园路及地面工程量计算

本分部工程包括垫层、路面、地面、路牙、台阶等。园路是指庭园内的行人甬路、蹬道和带有部分踏步的坡道，不适用于厂、院及住宅小区内的市政道路。其工程量计算规则如下。

（1）园路包括垫层、面层，垫层缺项可按地面工程相应项目的定额执行。

（2）各种园路垫层按设计图示尺寸，两边各放宽 5cm 乘厚度以立方米计算。

（3）各种园路面层按设计图示尺寸，长×宽按平方米计算。

（4）路牙、筑边按设计图示尺寸以延长米计算；锁口按平方米计算。

【例 3-3】 某小区庭园园路长 95m，施工图如图 3-5（a）和（b）所示，试计算园林工程量。

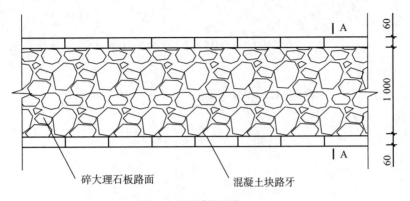

碎大理石板路面　　　　　混凝土块路牙

（a）园路平面图

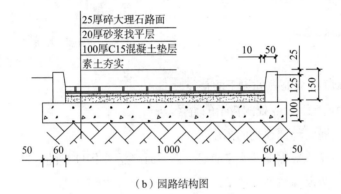

（b）园路结构图

图 3-5　某园路施工图

【解】

（1）计算路基开挖土方量（厚度 225mm）：

$$95×（1+0.06×2+0.05×2）×0.225=26.08（m^3）$$

（2）计算路基整理面积：

$$95×（1+0.06×2+0.05×2）=115.9（m^2）$$

（3）计算 100mm 厚 C15 混凝土垫层工程量：

$$95×（1+0.06×2+0.05×2）×0.1=11.59（m^3）$$

（4）计算混凝土块路牙工程量：

$$95×2=190（m）$$

（5）计算碎大理石板路面面积：

$$95×1=95（m^2）$$

【例 3-4】　某卵石园路长 150m，宽 1.5m，垫层采用 150mm 厚混凝土，试列出该项工程项目并计算出工程量。

【解】　路场整理：

$$150×（1.5+0.05×2）=24（10m^2）$$

素土夯实：

$$150 \times (1.5 + 0.05 \times 2) = 24 \ (10\text{m}^2)$$

混凝土垫层：

$$150 \times (1.5 + 0.05 \times 2) \times 0.15\text{m}^3 = 36 \ (\text{m}^3)$$

卵石面层：

$$150 \times 1.5 = 22.5 \ (10\text{m}^2)$$

3.5 绿化工程量计算

3.5.1 有关概念

1. 相关名词

（1）地径：地面上 30cm 处树干的直径。

（2）胸径：距地面 1.2m 处的树干的直径。

（3）树高：从地面起到顶梢的高度。

（4）冠径：展开枝条幅度的水平直径。各种球类冠幅指球类的直径。

（5）生长期：苗木种植到起苗的时间。

（6）养护期：招标文件中要求苗木栽植后承包人负责养护的时间。

2. 合理损耗率

各种植物材料在运输、栽植过程中，合理损耗率为：乔灌木土球直径在 100cm 以上，损耗系数为 10%；乔木球直径在 40~100cm 以内，损耗系数为 5%，乔灌木土球直径在 40cm 以内，损耗系数为 2%；其他苗木（花卉）等为 2%。

3.5.2 绿化种植计算规则

（1）苗木起挖和种植：不论大小，分别按株（丛）、m、m² 计算。

（2）绿篱起挖和种植：不论单、双排，均按延长米计算；二排以上视作片植，套用片植绿篱以 m² 计算。

（3）花卉、草皮（地被）：以 m² 计算。

（4）起挖或栽植带土球乔、灌木：以土球直径大小或树木冠幅大小选用相应子目。土球直径按乔木胸径的 8 倍、灌木地径的 7 倍取定（无明显干径，按自然冠幅的 0.4 计算）。棕榈科植物按地径的 2 倍计算（棕榈科植物以地径换算相应规格土球直径套乔木项目）。

（5）人工换土量按有关规定，按实际天然密实土方量以 m³ 计算（人工换土项目已包括场内运土，场外土方运输按相应项目计价）。

（6）大面积换土按施工图要求或绿化设计规范要求以立方米计算。

（7）土方造型（不包括一般绿地自然排水坡度形成的高差）按所需土方量以 m^3 计算。

（8）树木支撑，按支撑材料、支撑形式不同以株计算，金属构件支撑以 t 计算。

（9）草绳绕树干，按胸径不同根据所绕树干长度以 m 计算。

（10）搭设遮阴篷，根据搭设高度按遮阴篷的展开面积以 m^2 计算。

（11）绿地平整，按工程实际施工的面积以平方米计算，每个工程只可计算一次绿地平整子目。

（12）垃圾深埋的计算：以就地深埋的垃圾土（一般以三、四类土）和好土（垃圾深埋后翻到地表面的原深层好土）的全部天然密实土方总量，计算垃圾深埋子目的工程量，以 m^3 计算。

3.5.3　绿化养护计算规则

（1）乔木分常绿、落叶二类，均按胸径以株计算。

（2）灌木均按蓬径以株计算。

（3）绿篱分单排、片植二类。单排绿篱均按修剪后净高高度以延长米计算，片植绿篱均按修剪后净高高度以 m^2 计算。

（4）竹类按不同类型，分别以胸径、根盘丛径以株或丛计算。

（5）水生植物分塘植、盆植二类。塘植按丛计算，盆植按盆计算。

（6）球形植物均按蓬径以株计算。

（7）露地花卉分草本植物、木本植物、球、块根植物三类，均按 m^2 计算。

（8）攀缘植物均按地径以株计算。

（9）地被植物分单排、双排、片植三类。单、双排地被植物均按延长米计算，片植地被植物以 m^2 计算。

（10）草坪分暖地型、冷地型、杂草型三类，均以实际养护面积按 m^2 计算。

（11）绿地的保洁，应扣除各类植物树穴周边已分别计算的保洁面积。

【例 3-5】　在长 5 000m，宽 2m 的道路分隔带上，设计有 $\phi20{\sim}22$cm、$H350{\sim}400$cm 香樟 83 株，$P120$cm、$H120$cm 红花檵木球 40 株，$P25$cm、$H30$cm 杜鹃 200m^2 和 $P25$cm、$H30$cm 金叶女贞 200m^2（按 25 株 /m^2 计算），其余铺种百慕大。请根据定额工程量计算规则列出工程项目并计算各自的量。

【解】　整理绿化用地：5 000×2＝1 000（10m^2）；

起挖 $\phi20{\sim}22$cm 香樟 83 株；

栽植 $\phi20{\sim}22$cm 香樟 83 株；

人工换土 $\phi20{\sim}22$cm 香樟 83 株；

草绳绕树干 83×4＝332（m）；

树干支撑 ϕ20～22cm 香樟 83 株；

起挖 P120cm 红花檵木球 40 株；

栽植 P120cm 红花檵木球 40 株；

人工换土 P120cm 红花檵木球 40 株；

栽植 P25cm、H30cm 杜鹃 200m²；

栽植 P25cm、H30cm 金叶女贞 200m²；

铺种百慕大 10 000－200－200＝9 600（m²）。

3.6 园桥工程量的计算

园桥工程量的计算规则如下。

（1）桥基础：按设计图示尺寸以 m³ 计算。

（2）桥台、桥墩：按设计图示尺寸以 m³ 计算。

（3）桥面：按设计图示尺寸以 m² 计算。

（4）护岸：按设计图示尺寸的体积以 m³ 计算。

（5）木制步桥、木栈道按 m² 计算。

（6）土石方工程、柱梁板等钢筋混凝土工程、打桩工程等与桥相关的项目可根据其他章节相应计算规则进行计算。

【例3-6】 如图 3-6 所示平桥，长度为 9 000mm，宽度为 2 400mm，常水位标高为 0.800m，河底标高为 0.300m，土壤类别为三类土，具体做法见详图，计算各子目工程量。

【解】（1）挖地槽土方：

$$V＝宽 \times 厚 \times 长$$
$$＝1.6×（0.4＋0.1）×[（2.4＋0.3×2）＋（2.3－0.8＋0.3）×2]×2$$
$$＝10.56（m³）$$

（2）C15 素混凝土垫层：

$$V＝宽 \times 厚 \times 长$$
$$＝1.6×0.1×[（2.4＋0.3×2）＋（2.3－0.8＋0.3）×2]×2$$
$$＝2.11（m³）$$

（3）C25 混凝土基础：

$$V＝宽 \times 厚 \times 长$$
$$＝1.4×0.4×[（2.4＋0.2×2）＋（2.3－0.7＋0.2）×2]×2$$
$$＝7.17（m³）$$

（4）M7.5 水泥砂浆砌毛石桥墩：

$$V_1= 宽 \times 高 \times 长$$
$$=1/2（1+0.45）\times（2.2-0.25-0.3）\times2.4\times2=5.74（m^3）$$
$$V_2= 宽 \times 高 \times 长$$
$$=1/2（1+0.45）\times（2.45-0.12-0.3）\times[2.3-（1+0.45）/2]\times2\times2$$
$$=9.27（m^3）$$
$$V=V_1+V_2=5.74+9.27=15.01（m^3）$$

（5）250×450×3 000 浅灰色粗凿面花岗石压顶：

$$L=3\times2=6（m）$$

（6）120×450×1 000 浅灰色粗凿面花岗石地袱：

$$L=2.3\times2\times2=9.2（m）$$

（7）250×600×4 400 浅灰色粗凿面花岗石桥面板：

$$S= 长 \times 宽=4.4\times0.6\times4=10.56（m^2）$$

（8）地面铺装为 600×300×30 厚浅灰色粗凿面花岗石，20 厚 1∶3 水泥砂浆，100 厚 C15 混凝土垫层，150 厚碎石垫层，素土夯实：

$$S= 长 \times 宽=1.2\times2.3\times2=5.52（m^2）$$

（9）250×250×1 000 浅灰色粗凿面花岗石栏杆柱：8 根。

（10）100×500×2 000 浅灰色粗凿面花岗石栏板：6 块。

（11）150×500×1 025 浅灰色粗凿面花岗石抱鼓：4 块。

（12）600×300×20 厚浅灰色粗凿面花岗石贴面，20 厚 1∶3 水泥砂浆黏结：

$$S_1=（2.2-0.3-0.25）\times2.4\times2=8.4（m^2）$$
$$S_2=1/2（0.5+2.5）\times（2.45-0.12-0.3）\times4=12.18（m^2）$$
$$S_3=0.25\times0.45\times4+0.2\times0.25\times4=0.65（m^2）$$
$$S=S_1+S_2-S_3=8.4+12.18-0.65=19.93（m^2）$$

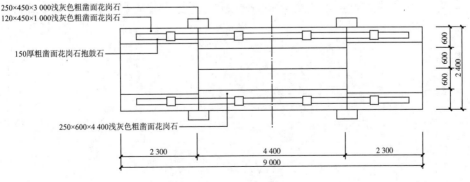

（a）平面图

图 3-6 平桥

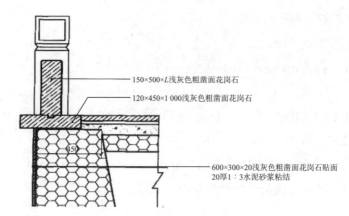

150×500×L浅灰色粗凿面花岗石
120×450×1 000浅灰色粗凿面花岗石
600×300×20浅灰色粗凿面花岗石贴面
20厚1：3水泥砂浆粘结

（b）A—A 断面图

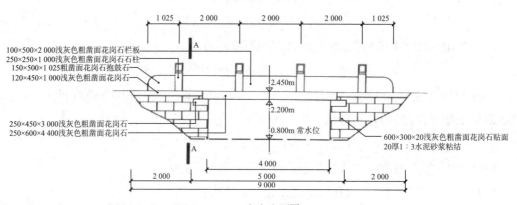

100×500×2 000浅灰色粗凿面花岗石栏板
250×250×1 000浅灰色粗凿面花岗石石柱
150×500×1 025粗凿面花岗石抱鼓石
120×450×1 000浅灰色粗凿面花岗石

250×450×3 000浅灰色粗凿面花岗石
250×600×4 400浅灰色粗凿面花岗石

600×300×20浅灰色粗凿面花岗石贴面
20厚1：3水泥砂浆粘结

（c）立面图

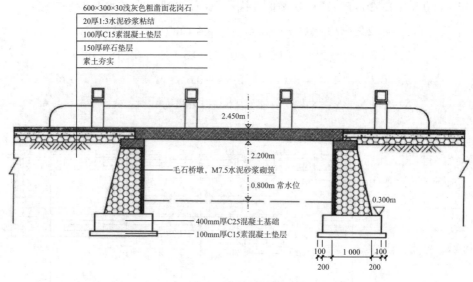

600×300×30浅灰色粗凿面花岗石
20厚1:3水泥砂浆粘结
100厚C15素混凝土垫层
150厚碎石垫层
素土夯实

毛石桥墩，M7.5水泥砂浆砌筑
400mm厚C25混凝土基础
100mm厚C15素混凝土垫层

（d）剖面图

图　3-6（续）

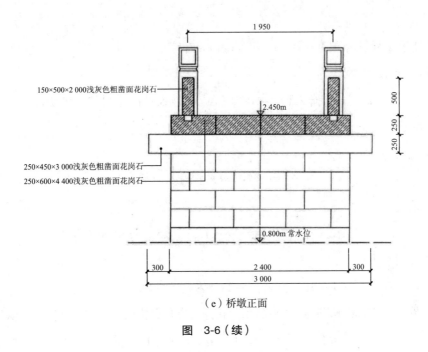

（e）桥墩正面

图 3-6（续）

3.7 驳岸工程量的计算

3.7.1 有关概念

（1）砌石驳岸：用石块对园林水景岸坡的处理。砌石驳岸是园林工程中最为主要的护岸形式。它主要依靠墙身自重来保证岸壁的稳定，抵抗墙后土壤的压力。驳岸结构由基础、墙身和压顶三部分组成。

（2）原木桩驳岸：公园、小区、街边绿地等的溪流河边造景驳岸，一般做法是取伐倒木的树干或适用的粗枝，横向截断成规定长度的木桩打成的驳岸。

（3）散铺砂卵石护岸（自然护岸）：将大量的卵石、砂石等按一定级配与层次堆积散铺于斜坡式岸边，使坡面土壤的密实度增大，抗坍塌的能力也随之增强。在水体岸坡上采用这种护岸方式，在固定坡土上能起一定的作用，还能够使坡面得到很好的绿化和美化。

3.7.2 有关项目特征的说明

（1）"木桩驳岸"项目的桩直径，可以标注梢径，也可用梢径范围（如 $\phi 100 \sim 120$）描述。

（2）自然护岸如有水泥砂浆黏结卵石要求的，应在工程量清单中进行描述。

【例 3-7】 某水体驳岸的局部剖面如图 3-7 所示，该部分驳岸长 8m、宽 2m，求该部分驳岸的工程量。

【解】

（1）清单工程量

工程量＝长×宽×高

$$=8×2×（1.25＋2.5）=60.00（m^3）（按设计图示尺寸以体积计算）$$

（2）定额工程量

① 平整场地：

$$S=长×宽=8×2=16.0（m^2）$$

② 挖地坑：

$$V=长×宽×高=8×2×（1.25＋2.5）=60.00（m^3）$$

③ 块石混凝土：

$$V=长×宽×高=2×8×1.25=20.00（m^3）$$

④ 花岗岩方整石：从图 3-7 中可看出，花岗岩方整石构成的表面呈梯形，所以其体积为

$$V=S_梯×长=1/2×（上底 ＋ 下底）× 高 × 长$$

$$=1/2×（2-1.2＋2）×2.5×8=28（m^3）$$

⑤ 级配砂石，级配砂石构成的图形是一个三棱柱。

$$V=底面积×高=S×长 =1/2×1.2×2.5×8=12（m^3）$$

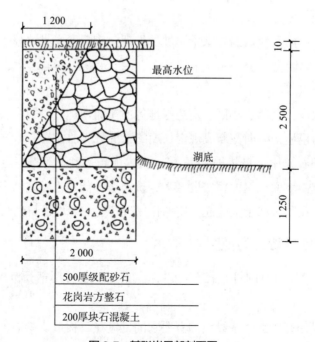

图 3-7 某驳岸局部剖面图

3.8 假山工程量的计算

叠砌假山是我国一门古老的艺术，是园林建设中的重要组成部分，它通过造景、托景、配景、借景等手法，使园林环境千变万化，气魄更加宏伟壮观，景色更加宜人，别具洞天。假山工程不是简单的山石堆砌，而是模仿真山风景，突出真山气势，具有林泉幽壑之美，是大自然景色在园林中的缩影。

3.8.1 假山工程量计算规则

（1）假山散点石工程量按实际堆砌的石料以吨计算。计算公式为

堆假山散点石工程量（t）＝进料验收的数量－进料剩余数

（2）塑假石山的工程量按外形表面的展开面积计算。

（3）塑假石山钢骨架制作安装按设计图示尺寸质量以吨计算。

（4）整块湖石峰以座计算。

（5）石笋安装按图示要求以块计算。

3.8.2 假山工程量计算

（1）假山工程量一般以设计的山石实用吨位数为基数来推算，并以工日数来表示。假山采用的山石种类不同、假山造型不同、假山砌砖方式不同都会影响工程量。假山工程量计算公式为

$$W=AHRK$$

式中：W——石料质量，t；

$\quad A$——假山平面轮廓的水平投影面积，m^2；

$\quad H$——假山着地点至最高顶点的垂直距离，m；

$\quad R$——石料比重，黄（杂）石为 $2.6t/m^3$，湖石为 $2.2t/m^3$；

$\quad K$——折算系数，当 $H \leqslant 1m$ 时，K 取 0.77，当 $1m < H \leqslant 2m$ 时，K 取 0.72，当 $2m < H \leqslant 3m$ 时，K 取 0.65；当 $3m < H \leqslant 4m$ 时，K 取 0.60，当 $H > 4m$ 时，K 取 0.55。

（2）景石是指不具备山形但以奇特的形状为审美特征的石质观赏品。散点石是指无呼应联系的一些自然山石分散布置在草坪、山坡等处，主要起点缀环境、烘托野地氛围的作用。景石、散点石工程量计算公式为

$$W=LBHR$$

式中：W——山石单体质量，t；

$\quad L$——长度方向的平均值，m；

$\quad B$——宽度方向的平均值，m；

$\quad H$——高度方向的平均值，m；

$\quad R$——石料比重，t/m^3。

【**例** 3-8】 某公园堆砌一黄石假山，水平投影长 3m，宽 1.2m，假山高 3.5m，计算该假山工程量。

【**解**】 本题假山高度 H=3.5m，故高度系数 K 取 0.60，假设黄石的表观密度为 2.6t/m^3，则该工程量为

$$W = AHRK = 3 \times 1.2 \times 3.5 \times 2.6 \times 0.6 = 19.66 \text{（t）}$$

即该黄石假山的工程量为 19.66t。

3.9 园林工程量计算实训

3.9.1 实训目的

熟悉园林工程的施工图，了解园林工程的定额分项、工作内容和计算规则。

3.9.2 实训内容

按老师给定的施工图或现场，进行园林工程工程量的计算。

3.9.3 实训准备与要求

每个实训小组应至少具备一台计算机、一本记录簿、一些测量工具。

3.9.4 实训方法和步骤

1. 下达工程量计算实训任务书

由教师和校企合作企业共同指定项目（项目的规模不宜太大），通常以庭园绿化为对象，提供图纸或现场。

2. 列出工程量计算公式

分项工程项目名称列出后，根据施工图纸所示的部位、尺寸和数量，按照工程量计算规则，分别列出工程量计算公式。

（1）绿化工程量计算。

（2）园路工程量计算。

（3）土方工程量计算。

（4）小品工程量计算。

（5）其他工程量计算。

3.9.5 实训报告

填写 ×× 分部分项工程量计算表。

学习笔记

研讨与练习

1. 简述园林工程量计算原则、步骤。

2. 如何划分园林工程项目?

3. 简述人工挖土放坡系数的规定。

4. 土方工程量的计算规则和方法有哪些?

5. 如何计算花卉种植与草坪铺栽工程量?

6. 园路工程量如何计算？

_____

_____

_____

7. 绿化养护工程量如何计算？

_____

_____

_____

8. 假山工程量如何计算？

_____

_____

_____

_____

9. 某住宅小区内绿化进行重新改造，根据施工图，计算出绿地总面积为 500m²，两处月季灌木丛为 100m²，紫竹占地面积为 50m²，挖出土方量为 20m³。场地需要重新平整，土壤为普通的二类土，挖出土方量为 100m³，种入植物后还余 20m³。试列出该项目分项工程名称，并计算各自的工程量。

_____

_____

_____

_____

_____

10. 某绿化工程用 300mm×150mm×30mm 的青石板错缝铺装 105m²（工作内容：平整场地，地平原土打夯，支园路模板，浇混凝土，抹水泥砂浆，错缝铺装 300mm×150mm×30mm 的青石板），试计算该工程的工程量。

_____

_____

_____

_____

_____

项目 4　园林工程量清单编制

知识目标

1. 认识园林工程清单的概念。
2. 掌握园林工程量清单编制规律与要求。

能力目标

1. 能够编制园林景观、绿化、园路、假山等分部分项清单。
2. 能够编制措施项目清单以及其他项目清单。

为规范园林绿化工程造价计量行为，统一园林绿化工程量计算规则，工程量清单的编制方法，住房和城乡建设部发布《园林绿化工程工程量计算规范》（GB 50858—2013），该规范将园林绿化工程划分为 3 个分部工程，并规定了工程量清单项目设置及计算规则。

4.1　园林工程量清单编制的内容及适用范围

4.1.1　项目内容

园林绿化工程清单项目包括绿化工程，园路、园桥、假山工程，园林景观工程，以及措施项目。

4.1.2　适用范围

该类工程清单项目适用于采用工程量清单计价的城市公园、居住小区、单位附属绿地、交通绿地等园林绿化工程。

4.2　工程计量原则

4.2.1　参考文件

工程量计算除依据《园林绿化工程工程量计算规范》（GB 50858—2013）的各项规定外，还需依据以下文件。

（1）经审定通过的施工设计图纸及其说明。

（2）经审定通过的施工组织设计或施工方案。

（3）经审定通过的其他有关技术经济文件。

（4）工程实施过程中的计量应按照现行国家标准《建设工程工程量清单计价规范》（GB 50500—2013）的相关规定执行。

4.2.2　有效位数规定

工程计量时每一个项目总的有效位数应遵守下列规定。

（1）以"t"为单位，应保留小数点后三位数字，第四位小数四舍五入。

（2）以"m""m²""m³"为单位，应保留小数点后两位数字，第三位小数四舍五入。

（3）以"株""丛""缸""套""个""支""只""块""根""座"等为单位，应取整数。

4.2.3　其他

园林绿化工程（另有规定者除外）涉及普通公共建筑物等工程的项目以及垂直运输机械、大型机械设备进出场及安拆等项目，按照现行国家标准《房屋建筑与装饰工程工程量计算规范》（GB 50854—2013）的相应项目执行；涉及仿古建筑工程的项目，按现行国家标准《仿古建筑工程工程量计算规范》（GB 50855—2013）的相应项目执行；涉及电气、给排水等安装工程的项目，按照现行国家标准《通用安装工程工程量计算规范》（GB 50856—2013）的相应项目执行；涉及市政道路、路灯等市政工程的项目，按现行国家标准《市政工程工程量计算规范》（GB 50857—2013）的相应项目执行。

4.3　工程量清单编制一般规定

4.3.1　工程量清单编制依据

（1）本规范和现行国家标准《建设工程工程量清单计价规范》（GB 50500—2013）。

（2）国家或省级、行业建设主管部门颁发的计价依据和办法。

（3）建设工程设计文件。

（4）与建设工程项目有关的标准、规范、技术资料。

（5）拟定的招标文件。

（6）施工现场情况、工程特点及常规施工方案。

（7）其他相关资料。

4.3.2　其他项目、规费和税金项目清单编制要求

其他项目、规费和税金项目清单应按照现行国家标准《建设工程工程量清单计价规范》（GB 50500—2013）的相关规定编制。

4.3.3　补充项目说明

编制工程量清单出现的《园林绿化工程工程量计算规范》（GB 50858—2013）附录中未包括的项目，编制人应做补充，并报省级或行业工程造价管理机构备案，省级或行业工程造价管理机构应汇总报住房和城乡建设部标准定额研究所。

补充项目的编码由《园林绿化工程工程量计算规范》（GB 50858—2013）的代码 05 与 B 和三位阿拉伯数字组成，并应从 05B001 起顺序编制，同一招标工程的项目不得重码。

补充的工程量清单需附有补充项目的名称、项目特征、计量单位、工程量计算规则、工作内容。不能计量的措施项目，须附有补充项目的名称、工作内容及包含范围。

4.4　分部分项工程及措施项目

4.4.1　编制依据

工程量清单应根据附录规定的项目编码、项目名称、项目特征、计量单位和工程量计算规则进行编制。

4.4.2　工程量清单项目编码方式

工程量清单的项目编码，应采用十二位阿拉伯数字表示，一至九位应按《园林绿化工程工程量计算规范》（GB 50858—2013）附录的规定设置，十至十二位应根据拟建工程的工程量清单项目名称和项目特征设置，同一招标工程的项目编码不得有重码。

工程量清单项目编码的表示方式：十二位阿拉伯数字及其设置规定。各位数字的含义是：一、二位为专业工程代码（01-房屋建筑与装饰工程；02-仿古建筑工程；03-通用安装工程；04-市政工程；05-园林绿化工程；06-矿山工程；07-构筑物工程；08-城市轨道交通工程；09-爆破工程。以后进入国标的专业工程代码以此类推）；三、四位为附录分类顺序码；五、六位为分部工程顺序码；七、八、九位为分项工程项目名称顺序码；十至十二

位为清单项目名称顺序码。例如，项目编码为 050102004，数位一、二"05"表示"园林绿化工程"，数位三、四"01"表示"绿化工程"，数位五、六"02"表示栽植花木，数位七、八、九"004"表示"栽植花木"。

当同一标段（或合同段）的一份工程量清单中含有多个单位工程且工程量清单是以单位工程为编制对象时，在编制工程量清单时应特别注意对项目编码十至十二位的设置不得有重码的规定。例如，一个标段（或合同段）的工程量清单中含有 3 个单位工程，每一单位工程中都有项目特征相同的堆砌石假山，在工程量清单中又需反映 3 个不同单位工程的堆砌石假山工程量时，则第一个单位工程的堆砌石假山的项目编码应为 050301002001，第二个单位工程的堆砌石假山的项目编码应为 050301002002，第三个单位工程的堆砌石假山的项目编码应为 050301002003，并分别列出各单位工程堆砌石假山的工程量。

4.4.3　工程量清单项目编制及计量计算要求

工程量清单的项目名称应按《园林绿化工程工程量计算规范》（GB 50858—2013）附录的项目名称结合拟建工程的实际确定。

工程量清单项目特征应按《园林绿化工程工程量计算规范》（GB 50858—2013）附录中规定的项目特征，结合拟建工程项目的实际予以描述。

工程量清单中所列工程量应按《园林绿化工程工程量计算规范》（GB 50858—2013）附录中规定的工程量计算规则计算。

工程量清单的计量单位应按《园林绿化工程工程量计算规范》（GB 50858—2013）附录中规定的计量单位确定。

《园林绿化工程工程量计算规范》（GB 50858—2013）中混凝土工程项目中包括模板工程的内容，混凝土工程项目的综合单价中应包括模板工程费用，若采用成品预制混凝土构件时，构件成品价（包括模板、钢筋、混凝土等所有费用）应计入综合单价中。

4.4.4　措施项目

（1）措施项目中列出了项目编码、项目名称、项目特征、计量单位、工程量计算规则的项目，编制工程量清单时，应按照《园林绿化工程工程量计算规范》（GB 50858—2013）中分部分项工程的规定执行。

（2）措施项目中仅列出项目编码、项目名称，未列出项目特征、计量单位和工程量计算规则的项目，编制工程量清单时，应按《园林绿化工程工程量计算规范》（GB 50858—2013）中附录 D 措施项目规定的项目编码、项目名称确定。

4.5 绿化分部分项工程量清单编制

4.5.1 绿地整理

绿地整理工程量清单项目设置、项目特征描述的内容、计量单位、工程量计算规则应按表4-1的规定执行。

表 4-1 绿地整理（编码：050101）

项目编码	项目名称	项目特征	计量单位	工程量计算规则	工作内容
050101001	砍伐乔木	树干胸径	株	按数量计算	1. 砍伐 2. 废弃物运输 3. 场地清理
050101002	挖树根（蔸）	地径			1. 挖树根 2. 废弃物运输 3. 场地清理
050101003	砍挖灌木丛及根	丛高或蓬径	1. 株 2. m²	1. 以株计量，按数量计算 2. 以 m² 计量，按面积计算	1. 砍挖 2. 废弃物运输 3. 场地清理
050101004	砍挖竹及根	根盘直径	株（丛）	按数量计算	
050101005	砍挖芦苇（或其他水生植物）及根	根盘丛径			
050101006	清除草皮	草皮种类	m²	按面积计算	1. 除草 2. 废弃物运输 3. 场地清理
050101007	清除地被植物	植物种类			1. 清除植物 2. 废弃物运输 3. 场地清理
050101008	屋面清理	1. 屋面做法 2. 屋面高度		按设计图示尺寸以面积计算	1. 原屋面清扫 2. 废弃物运输 3. 场地清理
050101009	种植土回（换）填	1. 回填土质要求 2. 取土运距 3. 回填厚度 4. 弃土运距	1. m³ 2. 株	1. 以 m³ 计量，按设计图示回填面积乘以回填厚度以体积计算 2. 以株计量，按设计图示数量计算	1. 土方挖、运 2. 回填 3. 找平、找坡 4. 废弃物运输
050101010	整理绿化用地	1. 回填土质要求 2. 取土运距 3. 回填厚度 4. 找平找坡要求 5. 弃渣运距	m²	按设计图示尺寸以面积计算	1. 排地表水 2. 土方挖、运 3. 耙细、过筛 4. 回填 5. 找平、找坡 6. 拍实 7. 废弃物运输

续表

项目编码	项目名称	项目特征	计量单位	工程量计算规则	工作内容
050101011	绿地起坡造型	1. 回填土质要求 2. 取土运距 3. 起坡平均高度	m³	按设计图示尺寸以体积计算	1. 排地表水 2. 土方挖、运 3. 耙细、过筛 4. 回填 5. 找平、找坡 6. 废弃物运输
050101012	屋顶花园基底处理	1. 找平层厚度、砂浆种类、强度等级 2. 防水层种类、做法 3. 排水层厚度、材质 4. 过滤层厚度、材质 5. 回填轻质土厚度、种类 6. 屋面高度 7. 阻根层厚度、材质、做法	m²	按设计图示尺寸以面积计算	1. 抹找平层 2. 防水层铺设 3. 排水层铺设 4. 过滤层铺设 5. 填轻质土壤 6. 阻根层铺设 7. 运输

注：整理绿化用地项目包含厚度≤300mm 回填土，厚度＞300mm 回填土，应按现行国家标准《房屋建筑与装饰工程工程量计算规范》（GB 50854—2013）相应项目编码列项。

4.5.2 栽植花木

栽植花木工程量清单项目设置、项目特征描述的内容、计量单位、工程量计算规则应按表 4-2 的规定执行。

表 4-2 栽植花木（编码：050102）

项目编码	项目名称	项目特征	计量单位	工程量计算规则	工作内容
050102001	栽植乔木	1. 种类 2. 胸径或干径 3. 株高、冠径 4. 起挖方式 5. 养护期	株	按设计图示数量计算	1. 起挖 2. 运输 3. 栽植 4. 养护
050102002	栽植灌木	1. 种类 2. 根盘直径 3. 冠丛高 4. 蓬径 5. 起挖方式 6. 养护期	1. 株 2. m²	1. 以株计量，按设计图示数量计算 2. 以 m² 计量，按设计图示尺寸以绿化水平投影面积计算	

续表

项目编码	项目名称	项目特征	计量单位	工程量计算规则	工作内容
050102003	栽植竹类	1. 竹种类 2. 竹胸径或根盘丛径 3. 养护期	株（丛）	按设计图示数量计算	1. 起挖 2. 运输 3. 栽植 4. 养护
050102004	栽植棕榈类	1. 种类 2. 株高、地径 3. 养护期	株		
050102005	栽植绿篱	1. 种类 2. 篱高 3. 行数、蓬径 4. 单位面积株数 5. 养护期	1. m 2. m²	1. 以 m 计量，按设计图示长度以延长米计算 2. 以 m² 计量，按设计图示尺寸以绿化水平投影面积计算	
050102006	栽植攀缘植物	1. 植物种类 2. 地径 3. 单位长度株数 4. 养护期	1. 株 2. m	1. 以株计量，按设计图示数量计算 2. 以 m 计量，按设计图示种植长度以延长米计算	
050102007	栽植色带	1. 苗木、花卉种类 2. 株高或蓬径 3. 单位面积株数 4. 养护期	m²	按设计图示尺寸以绿化水平投影面积计算	
050102008	栽植花卉	1. 花卉种类 2. 株高或蓬径 3. 单位面积株数 4. 养护期	1. 株（丛、缸） 2. m²	1. 以株（丛、缸）计量，按设计图示数量计算 2. 以 m² 计量，按设计图示尺寸以水平投影面积计算	
050102009	栽植水生植物	1. 植物种类 2. 株高或蓬径或芽数／株 3. 单位面积株数 4. 养护期	1. 丛（缸） 2. m²		
050102010	垂直墙体绿化种植	1. 植物种类 2. 生长年数或地（干）径 3. 栽植容器材质、规格 4. 栽植基质种类、厚度 5. 养护期	1. m² 2. m	1. 以 m² 计量，按设计图示尺寸以绿化水平投影面积计算 2. 以 m 计量，按设计图示种植长度以延长米计算	1. 起挖 2. 运输 3. 栽植容器安装 4. 栽植 5. 养护
050102011	花卉立体布置	1. 草木花卉种类 2. 高度或蓬径 3. 单位面积株数 4. 种植形式 5. 养护期	1. 单体（处） 2. m²	1. 以单体（处）计量，按设计图示数量计算 2. 以 m² 计量，按设计图示尺寸以面积计算	1. 起挖 2. 运输 3. 栽植 4. 养护

续表

项目编码	项目名称	项目特征	计量单位	工程量计算规则	工作内容
050102012	铺种草皮	1. 草皮种类 2. 铺种方式 3. 养护期	m²	按设计图示尺寸以绿化投影面积计算	1. 起挖 2. 运输 3. 铺底砂（土） 4. 栽植 5. 养护
050102013	喷播植草（灌木）籽	1. 基层材料种类规格 2. 草（灌木）籽种类 3. 养护期			1. 基层处理 2. 坡地细整 3. 喷播 4. 覆盖 5. 养护
050102014	植草砖内植草	1. 草坪种类 2. 养护期			1. 起挖 2. 运输 3. 覆土（砂） 4. 铺设 5. 养护
050102015	挂网	1. 种类 2. 规格		按设计图示尺寸以挂网投影面积计算	1. 制作 2. 运输 3. 安放
050102016	箱/钵栽植	1. 箱/钵体材料品种 2. 箱/钵外形尺寸 3. 栽植植物种类、规格 4. 土质要求 5. 防护材料种类 6. 养护期	个	按设计图示箱/钵数量计算	1. 制作 2. 运输 3. 安放 4. 栽植 5. 养护

注：1. 挖土外运、借土回填、挖（凿）土（石）方应包括在相关项目内。

2. 苗木计算应符合下列规定。

（1）胸径应为地表面向上 1.2m 高处树干直径。

（2）冠径又称冠幅，应为苗木冠丛垂直投影面的最大直径和最小直径之间的平均值。

（3）蓬径应为灌木、灌丛垂直投影面的直径。

（4）地径应为地表面向上 0.1m 高处树干直径。

（5）干径应为地表面向上 0.3m 高处树干直径。

（6）株高应为地表面至树顶端的高度。

（7）冠丛高应为地表面至乔（灌）木顶端的高度。

（8）篱高应为地表面至绿篱顶端的高度。

（9）养护期应为招标文件中要求苗木种植结束后承包人负责养护的时间。

3. 苗木移（假）植应按花木栽植相关项目单独编码列项。

4. 土球包裹材料、树体输液保湿及喷洒生根剂等费用包含在相应项目内。

5. 墙体绿化浇灌系统按本规范 A.3 绿地喷灌相关项目单独编码列项。

6. 发包人如有成活率要求时，应在特征描述中加以描述。

4.5.3 绿地喷灌

绿地喷灌工程量清单项目设置、项目特征描述的内容、计量单位、工程量计算规则应按表 4-3 的规定执行。

表 4-3 绿地喷灌（编码：050103）

项目编码	项目名称	项目特征	计量单位	工程量计算规则	工作内容
050103001	喷灌管线安装	1. 管道品种、规格 2. 管件品种、规格 3. 管道固定方式 4. 防护材料种类 5. 油漆品种、刷漆遍数	m	按设计图示管道中心线长度以延长米计算，不扣除检查（阀门）井、阀门、管件及附件所占的长度	1. 管道铺设 2. 管道固筑 3. 水压试验 4. 刷防护材料、油漆
050103002	喷灌配件安装	1. 管道附件、阀门、喷头品种、规格 2. 管道附件、阀门、喷头固定方式 3. 防护材料种类 4. 油漆品种、刷漆遍数	个	按设计图示数量计算	1. 管道附件、阀门、喷头安装 2. 水压试验 3. 刷防护材料、油漆

注：1. 挖填土石方应按现行国家标准《房屋建筑与装饰工程工程量计算规范》（GB 50854—2013）附录 A 相关项目编码列项。

2. 阀门井应按现行国家标准《市政工程工程量计算规范》（GB 50857—2013）相关项目编码列项。

4.6 园路、园桥及假山分部分项工程量清单编制

4.6.1 园路、园桥工程

园路、园桥工程工程量清单项目设置、项目特征描述的内容、计量单位、工程量计算规则应按表 4-4 的规定执行。

表 4-4 园路、园桥工程（编码：050201）

项目编码	项目名称	项目特征	计量单位	工程量计算规则	工作内容
050201001	园路	1. 路床土石类别 2. 垫层厚度、宽度、材料种类 3. 路面厚度、宽度、材料种类 4. 砂浆强度等级	m²	按设计图示尺寸以面积计算，不包括路牙	1. 路基、路床整理 2. 垫层铺筑 3. 路面铺筑 4. 路面养护
050201002	踏（蹬）道			按设计图示尺寸以水平投影面积计算，不包括路牙	
050201003	路牙铺设	1. 垫层厚度、材料种类 2. 路牙材料种类、规格 3. 砂浆强度等级	m	按设计图示尺寸以长度计算	1. 基层清理 2. 垫层铺设 3. 路牙铺设

续表

项目编码	项目名称	项目特征	计量单位	工程量计算规则	工作内容
050201004	树池围牙、盖板（箅子）	1. 围牙材料种类、规格 2. 铺设方式 3. 盖板材料种类、规格	1. m 2. 套	1. 以 m 计量，按设计图示尺寸以长度计算 2. 以套计量，按设计图示数量计算	1. 清理基层 2. 围牙、盖板运输 3. 围牙、盖板铺设
050201005	嵌草砖（格）铺装	1. 垫层厚度 2. 铺设方式 3. 嵌草砖（格）品种、规格、颜色 4. 镂空部分填土要求	m^2	按设计图示尺寸以面积计算	1. 原土夯实 2. 垫层铺设 3. 铺砖 4. 填土
050201006	桥基础	1. 基础类型 2. 垫层及基础材料种类、规格 3. 砂浆强度等级	m^3	按设计图示尺寸以体积计算	1. 垫层铺筑 2. 起重架搭、拆 3. 基础砌筑 4. 砌石
050201007	石桥墩、石桥台	1. 石料种类、规格 2. 勾缝要求 3. 砂浆强度等级、配合比	m^3	按设计图示尺寸以体积计算	1. 石料加工 2. 起重架搭、拆 3. 墩、台、券石、券脸砌筑 4. 勾缝
050201008	拱券石	1. 石料种类、规格 2. 券脸雕刻要求 3. 勾缝要求 4. 砂浆强度等级、配合比	m^3	按设计图示尺寸以体积计算	1. 石料加工 2. 起重架搭、拆 3. 墩、台、券石、券脸砌筑 4. 勾缝
050201009	石券脸	1. 石料种类、规格 2. 券脸雕刻要求 3. 勾缝要求 4. 砂浆强度等级、配合比	m^2	按设计图示尺寸以面积计算	1. 石料加工 2. 起重架搭、拆 3. 墩、台、券石、券脸砌筑 4. 勾缝
050201010	金刚墙砌筑	1. 石料种类、规格 2. 券脸雕刻要求 3. 勾缝要求 4. 砂浆强度等级、配合比	m^3	按设计图示尺寸以体积计算	1. 石料加工 2. 起重架搭、拆 3. 砌石 4. 填土夯实
050201011	石桥面铺筑	1. 石料种类、规格 2. 找平层厚度、材料种类 3. 勾缝要求 4. 混凝土强度等级 5. 砂浆强度等级	m^2	按设计图示尺寸以面积计算	1. 石材加工 2. 抹找平层 3. 起重架搭、拆 4. 桥面、桥面踏步铺设 5. 勾缝
050201012	石桥面檐板	1. 石料种类、规格 2. 勾缝要求 3. 砂浆强度等级、配合比	m^2	按设计图示尺寸以面积计算	1. 石材加工 2. 檐板铺设 3. 铁锔、银锭安装 4. 勾缝
050201013	石汀步（步石、飞石）	1. 石料种类、规格 2. 砂浆强度等级、配合比	m^3	按设计图示尺寸以体积计算	1. 基层整理 2. 石材加工 3. 砂浆调运 4. 砌石

续表

项目编码	项目名称	项目特征	计量单位	工程量计算规则	工作内容
050201014	木制步桥	1. 桥宽度 2. 桥长度 3. 木材种类 4. 各部位截面长度 5. 防护材料种类	m²	按桥面板设计图示尺寸以面积计算	1. 木桩加工 2. 打木桩基础 3. 木梁、木桥板、木桥栏杆、木扶手制作、安装 4. 连接铁件、螺栓安装 5. 刷防护材料
050201015	栈道	1. 栈道宽度 2. 支架材料种类 3. 面层材料种类 4. 防护材料种类		按栈道面板设计图示尺寸以面积计算	1. 凿洞 2. 安装支架 3. 铺设面板 4. 刷防护材料

注：1. 园路、园桥工程的挖土方、开凿石方、回填等应按现行国家标准《市政工程工程量计算规范》（GB 50857—2013）相关项目编码列项。

2. 如遇某些构配件使用钢筋混凝土或金属构件时，应按现行国家标准《房屋建筑与装饰工程工程量计算规范》（GB 50854—2013）或《市政工程工程量计算规范》（GB 50857—2013）相关项目编码列项。

3. 地伏石、石望柱、石栏杆、石栏板、扶手、撑鼓等应按现行国家标准《仿古建筑工程工程量计算规范》（GB 50855—2013）相关项目编码列项。

4. 亲水（小）码头各分部分项目按照园桥相应项目编码列项。

5. 台阶项目应按现行国家标准《房屋建筑与装饰工程工程量计算规范》（GB 50854—2013）相关项目编码列项。

6. 混合类构件园桥应按现行国家标准《房屋建筑与装饰工程工程量计算规划》（GB 50854—2013）或《通用安装工程工程量计算规范》（GB 50856—2013）相关项目编码列项。

4.6.2　驳岸、护岸工程

驳岸、护岸工程量清单项目设置、项目特征描述的内容、计量单位、工程量计算规则应按表 4-5 的规定执行。

表 4-5　驳岸、护岸（编码：050202）

项目编码	项目名称	项目特征	计量单位	工程量计算规则	工作内容
050202001	石（卵石）砌驳岸	1. 石料种类、规格 2. 驳岸截面、长度 3. 勾缝要求 4. 砂浆强度等级、配合比	1. m³ 2. t	1. 以 m³ 计量，按设计图示尺寸以体积计算 2. 以 t 计量，按质量计算	1. 石料加工 2. 砌石（卵石） 3. 勾缝
050202002	原木桩驳岸	1. 木材种类 2. 桩直径 3. 桩单根长度 4. 防护材料种类	1. m 2. 根	1. 以 m 计量，按设计图示桩长（包括桩尖）计算 2. 以根计量，按设计图示数量计算	1. 木桩加工 2. 打木桩 3. 刷防护材料

续表

项目编码	项目名称	项目特征	计量单位	工程量计算规则	工作内容
050202003	满（散）铺砂卵石护岸（自然护岸）	1. 护岸平均宽度 2. 粗细砂比例 3. 卵石粒径	1. m² 2. t	1. 以 m² 计量，按设计图示尺寸以护岸展开面积计算 2. 以 t 计量，按卵石使用质量计算	1. 修边坡 2. 铺卵石
050202004	点（散）布大卵石	1. 大卵石粒径 2. 数量	1. 块（个） 2. t	1. 以块（个）计量，按设计图示数量计算 2. 以 t 计量，按卵石使用质量计算	1. 布石 2. 安砌 3. 成型
050202005	框格花木护岸	1. 展开宽度 2. 护坡材质 3. 框格种类与规格	m²	按设计图示尺寸展开宽度乘以长度以面积计算	1. 修边坡 2. 安放框格

注：1. 驳岸工程的挖土方、开凿石方、回填等应按现行国家标准《房屋建筑与装饰工程工程量计算规范》（GB 50854—2013）附录 A 相关项目编码列项。

2. 木桩钎（梅花桩）按原本桩驳岸项目单独编码列项。

3. 钢筋混凝土仿木桩驳岸，其钢筋混凝土及表面装饰应按现行国家标准《房屋建筑与装饰工程工程量计算规范》（GB 50854—2013）相关项目编码列项，若表面"塑松皮"按本规范附录 C "园林景观工程"相关项目编码列项。

4. 框格花木护岸的铺草皮、撒草籽等应按本规范附录 A "绿化工程"相关项目编码列项。

4.6.3 堆塑假山

堆塑假山工程量清单项目设置、项目特征描述的内容、计量单位、工程量计算规则应按表 4-6 的规定执行。

表 4-6 堆塑假山（编码：050301）

项目编码	项目名称	项目特征	计量单位	工程量计算规则	工作内容
050301001	堆筑土山丘	1. 土丘高度 2. 土丘坡度要求 3. 土丘底外接矩形面积	m³	按设计图示山丘水平投影外接矩形面积乘以高度的 1/3 以体积计算	1. 取土、运土 2. 堆砌、夯实 3. 修整
050301002	堆砌石假山	1. 堆砌高度 2. 石料种类、单块重量 3. 混凝土强度等级 4. 砂浆强度等级、配合比	t	按设计图示尺寸以质量计算	1. 选料 2. 起重机搭、拆 3. 堆砌、修整
050301003	塑假山	1. 假山高度 2. 骨架材料种类、规格 3. 山皮料种类 4. 混凝土强度等级 5. 砂浆强度等级、配合比 6. 防护材料种类	m²	按设计图示尺寸以展开面积计算	1. 骨架制作 2. 假山胎模制作 3. 塑假山 4. 山皮料安装 5. 刷防护材料

续表

项目编码	项目名称	项目特征	计量单位	工程量计算规则	工作内容
050301004	石笋	1. 石笋高度 2. 石笋材料种类 3. 砂浆强度等级、配合比	支	1. 以块（支、个）计量，按设计图示数量计算 2. 以 t 计量，按设计图示石料质量计算	1. 选石料 2. 石笋安装
050301005	点风景石	1. 石料种类 2. 石料规格、重量 3. 砂浆配合比	1. 块 2. t		1. 选石料 2. 起重架搭、拆 3. 点石
050301006	池、盆景置石	1. 底盘种类 2. 山石高度 3. 山石种类 4. 混凝土砂浆强度等级 5. 砂浆强度等级、配合比	1. 座 2. 个	1. 以块（支、个）计量，按设计图示数量计算 2. 以 t 计量，按设计图示石料质量计算	1. 底盘制作、安装 2. 池、盆景山石安装、砌筑
050301007	山（卵）石护角	1. 石料种类、规格 2. 砂浆配合比	m³	按设计图示尺寸以体积计算	1. 石料加工 2. 砌石
050301008	山坡（卵）石台阶	1. 石料种类、规格 2. 台阶坡度 3. 砂浆强度等级	m²	按设计图示尺寸以水平投影面积计算	1. 选石料 2. 台阶砌筑

注：1. 假山（堆筑土山丘除外）工程的挖土方、开凿石方、回填等应按现行国家标准《房屋建筑与装饰工程工程量计算规范》（GB 50854—2013）相关项目编码列项。

2. 如遇某些构配件使用钢筋混凝土或金属构件时，应按现行国家标准《房屋建筑与装饰工程工程量计算规范》（GB 50854—2013）或《市政工程工程量计算规范》（GB 50857—2013）相关项目编码列项。

3. 散铺河滩石按点风景石项目单独编码列项。

4. 堆筑土山丘，适用于夯填、堆筑而成。

4.7 园林景观分部分项工程量清单编制

4.7.1 原木、竹构件

原木、竹构件工程量清单项目设置、项目特征描述的内容、计量单位、工程量计算规则应按表 4-7 的规定执行。

表 4-7 原木、竹构件（编码：050302）

项目编码	项目名称	项目特征	计量单位	工程量计算规则	工作内容
050302001	原木（带树皮）柱、梁、檩、椽	1. 原木种类 2. 原木直（梢）径（不含树皮厚度） 3. 墙龙骨材料种类、规格 4. 墙底层材料种类、规格 5. 构件联结方式 6. 防护材料种类	m	按设计图示尺寸以长度计算（包括榫长）	1. 构件制作 2. 构件安装 3. 刷防护材料
050302002	原木（带树皮）墙		m²	按设计图示尺寸以面积计算（不包括柱、梁）	
050302003	树枝吊挂楣子			按设计图示尺寸以框外围面积计算	

续表

项目编码	项目名称	项目特征	计量单位	工程量计算规则	工作内容
050302004	竹柱、梁、檩、椽	1. 竹种类 2. 竹直（梢）径 3. 连接方式 4. 防护材料种类	m	按设计图示尺寸以长度计算	1. 构件制作 2. 构件安装 3. 刷防护材料
050302005	竹编墙	1. 竹种类 2. 墙龙骨材料种类、规格 3. 墙底层材料种类、规格 4. 防护材料种类	m²	按设计图示尺寸以面积计算（不包括柱、梁）	
050302006	竹吊挂楣子	1. 竹种类 2. 竹梢径 3. 防护材料种类		按设计图示尺寸以框外围面积计算	

注：1. 木构件连接方式应包括榫卯连接、铁件连接、扒钉连接、铁钉连接。

2. 竹构件连接方式应包括竹钉固定、竹篾绑扎、铁丝连接。

4.7.2　亭廊屋面

亭廊屋面工程量清单项目设置、项目特征描述的内容、计量单位、工程量计算规则应按表 4-8 的规定执行。

表 4-8　亭廊屋面（编号：050303）

项目编码	项目名称	项目特征	计量单位	工程量计算规则	工作内容
050303001	草屋面	1. 屋面坡度 2. 铺草种类 3. 竹材种类 4. 防护材料种类	m²	按设计图示尺寸以斜面计算	1. 整理、选料 2. 屋面铺设 3. 刷防护材料
050303002	竹屋面			按设计图示尺寸以实铺面积计算（不包括柱、梁）	
050303003	树皮屋面			按设计图示尺寸以屋面结构外围面积计算	
050303004	油毡瓦屋面	1. 冷底子油品种 2. 冷底子油涂刷遍数 3. 油毡瓦颜色规格		按设计图示尺寸以斜面计算	1. 清理基层 2. 材料裁接 3. 刷油 4. 铺设
050303005	预制混凝土穹顶	1. 穹顶弧长、直径 2. 肋截面尺寸 3. 板厚 4. 混凝土强度等级 5. 拉杆材质、规格	m³	按设计图示尺寸以体积计算。混凝土脊和穹顶的肋、基梁并入屋面体积	1. 模板制作、运输、安装、拆除、保养 2. 混凝土制作、运输、浇筑、振捣、养护 3. 构件运输、安装 4. 砂浆制作、运输 5. 接头灌缝、养护

项目编码	项目名称	项目特征	计量单位	工程量计算规则	工作内容
050303006	彩色压型钢板（夹芯板）攒尖亭屋面板	1. 屋面坡度 2. 穹顶弧长、直径 3. 彩色压型钢（夹芯）板品种、规格 4. 拉杆材质、规格 5. 嵌缝材料种类 6. 防护材料种类	m²	按设计图示尺寸以实铺面积计算	1. 压型板安装 2. 护角、包角、泛水安装 3. 嵌缝 4. 刷防护材料
050303007	彩色压型钢板（夹芯板）穹顶				
050303008	玻璃屋面	1. 屋面坡度 2. 龙骨材料、规格 3. 玻璃材质、规格 4. 防护材料种类			1. 制作 2. 运输 3. 安装
050303009	木（防腐木）屋面	1. 木（防腐木）种类 2. 防护层处理			

注：1. 柱顶石（磉蹬石）、钢筋混凝土屋面板、钢筋混凝土亭屋面板、木柱、木屋架、钢柱、钢屋架、屋面木基层和防水层等，应按现行国家标准《房屋建筑与装饰工程工程量计算规范》（GB 50854—2013）中相关项目编码列项。

2. 膜结构的亭、廊，应按现行国家标准《仿古建筑工程工程量计算规范》（GB 50855—2013）及《房屋建筑与装饰工程工程量计算规范》（GB 50854—2013）中相关项目编码列项。

3. 竹构件连接方式应包括竹钉固定、竹篾绑扎、铁丝连接。

4.7.3　花架

花架工程量清单项目设置、项目特征描述的内容、计量单位、工程量计算规则应按表 4-9 的规定执行。

表 4-9　花架（编码：050304）

项目编码	项目名称	项目特征	计量单位	工程量计算规则	工作内容
050304001	现浇混凝土花架柱、梁	1. 柱截面、高度、根数 2. 盖梁截面、高度、根数 3. 连系梁截面、高度、根数 4. 混凝土强度等级	m³	按设计图示尺寸以体积计算	1. 模板制作、运输、安装、拆除、保养 2. 混凝土制作、运输、浇筑、振捣、养护
050304002	预制混凝土花架柱、梁	1. 柱截面、高度、根数 2. 盖梁截面、高度、根数 3. 连系梁截面、高度、根数 4. 混凝土强度等级 5. 砂浆配合比			1. 模板制作、运输、安装、拆除、保养 2. 混凝土制作、运输、浇筑、振捣、养护 3. 构件运输、安装 4. 砂浆制作、运输 5. 接头灌缝、养护
050304003	金属花架柱、梁	1. 钢材品种、规格 2. 柱、梁截面 3. 油漆品种、刷漆遍数	t	按设计图示尺寸以质量计算	1. 制作、运输 2. 安装 3. 油漆

续表

项目编码	项目名称	项目特征	计量单位	工程量计算规则	工作内容
050304004	木花架柱、梁	1. 木材种类 2. 柱、梁截面 3. 连接方式 4. 防护材料种类	m³	按设计图示截面乘长度（包括榫长）以体积计算	1. 构件制作、运输、安装 2. 刷防护材料、油漆
050304005	竹花架柱、梁	1. 竹种类 2. 竹胸径 3. 油漆品种、刷漆遍数	1. m 2. 根	1. 以长度计量，按设计图示花架构件尺寸以延长米计算 2. 以根计量，按设计图示花架柱、梁数量计算	1. 制作 2. 运输 3. 安装 4. 油漆

注：花架基础、玻璃天棚、表面装饰及涂料项目应按现行国家标准《房屋建筑与装饰工程工程量计算规范》（GB 50854—2013）中相关项目编码列项。

4.7.4　园林桌椅

园林桌椅工程量清单项目设置、项目特征描述的内容、计量单位、工程量计算规则应按表4-10的规定执行。

表4-10　园林桌椅（编码：050305）

项目编码	项目名称	项目特征	计量单位	工程量计算规则	工作内容
050305001	预制钢筋混凝土飞来椅	1. 座凳面厚度、宽度 2. 靠背扶手截面 3. 靠背截面 4. 座凳楣子形状、尺寸 5. 混凝土强度等级 6. 砂浆配合比			1. 模板制作、运输、安装、拆除、保养 2. 混凝土制作、运输、浇筑、振捣、养护 3. 构件运输、安装 4. 砂浆制作、运输、抹面、养护 5. 接头灌缝、养护
050305002	水磨石飞来椅	1. 座凳面厚度、宽度 2. 靠背扶手截面 3. 靠背截面 4. 座凳楣子形状、尺寸 5. 砂浆配合比	m	按设计图示尺寸以座凳面中心线长度计算	1. 砂浆制作、运输 2. 制作 3. 运输 4. 安装
050305003	竹制飞来椅	1. 竹材种类 2. 座凳面厚度、宽度 3. 靠背扶手截面 4. 靠背截面 5. 座凳楣子形状 6. 软件尺寸、厚度 7. 防护材料种类			1. 座凳面、靠背扶手、靠背楣子制作、安装 2. 铁件安装 3. 刷防护材料

项目编码	项目名称	项目特征	计量单位	工程量计算规则	工作内容
050305004	现浇混凝土桌凳	1. 桌凳形状 2. 基础尺寸、埋设深度 3. 桌面尺寸、支墩高度 4. 凳面尺寸、支墩高度 5. 混凝土强度等级、砂浆配合比			1. 模板制作、运输、安装、拆除、保养 2. 混凝土制作、运输、浇筑、振捣、养护 3. 砂浆制作、运输
050305005	预制混凝土桌凳	1. 桌凳形状 2. 基础形状、尺寸、埋设深度 3. 桌面形状、尺寸、支墩高度 4. 凳面尺寸、支墩高度 5. 混凝土强度等级 6. 砂浆配合比			1. 模板制作、运输、安装、拆除、保养 2. 混凝土制作、运输、浇筑、振捣、养护 3. 构件运输、安装 4. 砂浆制作、运输 5. 接头灌缝、养护
050305006	石桌石凳	1. 石材种类 2. 基础形状、尺寸、埋设深度 3. 桌面形状、尺寸、支墩高度 4. 凳面尺寸、支墩高度 5. 混凝土强度等级 6. 砂浆配合比	个	按设计图示数量计算	1. 土方挖运 2. 桌凳制作 3. 桌凳运输 4. 桌凳安装 5. 砂浆制作、运输
050305007	水磨石桌凳	1. 基础形状、尺寸、埋设深度 2. 桌面形状、尺寸、支墩高度 3. 凳面尺寸、支墩高度 4. 混凝土强度等级 5. 砂浆配合比			1. 桌凳制作 2. 桌凳运输 3. 桌凳安装 4. 砂浆制作、运输
050305008	塑树根桌凳	1. 桌凳直径 2. 桌凳高度 3. 砖石种类 4. 砂浆强度等级、配合比 5. 颜料品种、颜色			1. 砂浆制作、运输 2. 砖石砌筑 3. 塑树皮 4. 绘制木纹
050305009	塑树节椅				
050305010	塑料、铁艺、金属椅	1. 木座板面截面 2. 座椅规格、颜色 3. 混凝土强度等级 4. 防护材料种类			1. 制作 2. 安装 3. 刷防护材料

注：木制飞来椅按现行国家标准《仿古建筑工程工程量计算规范》（GB 50855—2013）相关项目编码列项。

4.7.5 喷泉安装

喷泉安装工程量清单项目设置、项目特征描述的内容、计量单位、工程量计算规则应按表 4-11 的规定执行。

表 4-11 喷泉安装（编码：050306）

项目编码	项目名称	项目特征	计量单位	工程量计算规则	工作内容
050306001	喷泉管道	1. 管材、管件、阀门、喷头品种 2. 管道固定方式 3. 防护材料种类	m	按设计图示管道中心线长度以延长米计算，不扣除检查（阀门）井、阀门、管件及附件所占的长度	1. 土（石）方挖运 2. 管材、管件、阀门、喷头安装 3. 刷防护材料 4. 回填
050306002	喷泉电缆	1. 保护管品种、规格 2. 电缆品种、规格		按设计图示单根电缆长度以延长米计算	1. 土（石）方挖运 2. 电缆保护管安装 3. 电缆敷设 4. 回填
050306003	水下艺术装饰灯具	1. 灯具品种、规格 2. 灯光颜色	套	按设计图示数量计算	1. 灯具安装 2. 支架制作、运输、安装
050306004	电气控制柜	1. 规格、型号 2. 安装方式	台		1. 电气控制柜（箱）安装 2. 系统调试
050306005	喷泉设备	1. 设备品种 2. 设备规格、型号 3. 防护网品种、规格			1. 设备安装 2. 系统调试 3. 防护网安装

注：1. 喷泉水池应按现行国家标准《房屋建筑与装饰工程工程量计算规范》（GB 50854—2013）中相关项目编码列项。

2. 管架项目应按现行国家标准《房屋建筑与装饰工程工程量计算规范》（GB 50854—2013）中钢支架项目单独编码列项。

4.7.6 杂项

杂项工程量清单项目设置、项目特征描述的内容、计量单位、工程量计算规则应按表 4-12 的规定执行。

表 4-12　杂项（编号：050307）

项目编码	项目名称	项目特征	计量单位	工程量计算规则	工作内容
050307001	石灯	1. 石料种类 2. 石灯最大截面 3. 石灯高度 4. 砂浆配合比	个	按设计图示数量计算	1. 制作 2. 安装
050307002	石球	1. 石料种类 2. 球体直径 3. 砂浆配合比			
050307003	塑仿石音箱	1. 石音箱内空尺寸 2. 铁丝型号 3. 砂浆配合比 4. 水泥漆颜色			1. 胎模制作、安装 2. 铁丝网制作、安装 3. 砂浆制作、运输 4. 喷水泥漆 5. 埋置仿石音箱
050307004	塑树皮梁、柱	1. 塑树种类 2. 塑竹种类 3. 砂浆配合比 4. 喷字规格、颜色 5. 油漆品种、颜色	1. m^2 2. m	1. 以 m^2 计算，按设计图示尺寸以梁、柱外表面积计算 2. 以 m 计量，按设计图示尺寸以构件长度计算	1. 灰塑 2. 刷涂颜料
050307005	塑竹梁、柱				
050307006	铁艺栏杆	1. 铁艺栏杆高度 2. 铁艺栏杆单位长度质量 3. 防护材料种类	m	按设计图示尺寸以长度计算	1. 铁艺栏杆安装 2. 刷防护材料
050307007	塑料栏杆	1. 栏杆高度 2. 塑料种类			1. 下料 2. 安装 3. 校正
050307008	钢筋混凝土艺术围栏	1. 围栏高度 2. 混凝土强度等级 3. 表面涂敷材料种类	1. m^2 2. m	1. 以 m^2 计量，按设计图示尺寸以面积计算 2. 以 m 计量，按设计图示尺寸以延长米计算	1. 制作 2. 运输 3. 安装 4. 砂浆制作、运输 5. 接头灌缝、养护

续表

项目编码	项目名称	项目特征	计量单位	工程量计算规则	工作内容
050307009	标志牌	1. 材料种类、规格 2. 镌字规格、种类 3. 喷字规格、颜色 4. 油漆品种、颜色	个	按设计图示数量计算	1. 选料 2. 标志牌制作 3. 雕凿 4. 镌字、喷字 5. 运输、安装 6. 刷油漆
050307010	景墙	1. 土质类别 2. 垫层材料种类 3. 基础材料种类、规格 4. 墙体材料种类、规格 5. 墙体厚度 6. 混凝土、砂浆强度等级、配合比 7. 饰面材料种类	1. m³ 2. 段	1. 以 m³ 计量，按设计图示尺寸以体积计算 2. 以段计量，按设计图示尺寸以数量计算	1. 土（石）方挖运 2. 垫层、基础铺设 3. 墙体砌筑 4. 面层铺贴
050307011	景窗	1. 景窗材料品种、规格 2. 混凝土强度等级 3. 砂浆强度等级、配合比 4. 涂刷材料品种	m²	按设计图示尺寸以面积计算	1. 制作 2. 运输 3. 砌筑安放 4. 勾缝 5. 表面涂刷
050307012	花饰	1. 花饰材料品种、规格 2. 砂浆配合比 3. 涂刷材料品种			
050307013	博古架	1. 博古架材料品种、规格 2. 混凝土强度等级 3. 砂浆配合比 4. 涂刷材料品种	1. m² 2. m 3. 个	1. 以 m² 计量，按设计图示尺寸以面积计算 2. 以 m 计量，按设计图示尺寸以延长米计算 3. 以个计量，按设计图示数量计算	
050307014	花盆(坛、箱)	1. 花盆（坛）的材质及类型 2. 规格尺寸 3. 混凝土强度等级 4. 砂浆配合比	个	按设计图示尺寸以数量计算	1. 制作 2. 运输 3. 安放

续表

项目编码	项目名称	项目特征	计量单位	工程量计算规则	工作内容
050307015	摆花	1. 花盆（钵）的材质及类型 2. 花卉品种与规格	1. m² 2. 个	1. 以 m² 计量，按设计图示尺寸以水平投影面积计算 2. 以个计量，按设计图示数量计算	1. 搬运 2. 安放 3. 养护 4. 撤收
050307016	花池	1. 土质类别 2. 池壁材料种类、规格 3. 混凝土、砂浆强度等级、配合比 4. 饰面材料种类	1. m³ 2. m 3. 个	1. 以 m³ 计量，按设计图示尺寸以体积计算 2. 以 m 计量，按设计图示尺寸以池壁中心线处延长米计算 3. 以个计量，按设计图示数量计算	1. 垫层铺设 2. 基础砌（浇）筑 3. 墙体砌（浇）筑 4. 面层铺贴
050307017	垃圾箱	1. 垃圾箱材质 2. 规格尺寸 3. 混凝土强度等级 4. 砂浆配合比	个	按设计图示尺寸以数量计算	1. 制作 2. 运输 3. 安放
050307018	砖石砌小摆设	1. 砖种类、规格 2. 石种类、规格 3. 砂浆强度等级、配合比 4. 石表面加工要求 5. 勾缝要求	1. m³ 2. 个	1. 以 m³ 计量，按设计图示尺寸以体积计算 2. 以个计量，按设计图示尺寸以数量计算	1. 砂浆制作、运输 2. 砌砖、石 3. 抹面、养护 4. 勾缝 5. 石表面加工
050307019	其他景观小摆设	1. 名称及材质 2. 规格尺寸	个	按设计图示尺寸以数量计算	1. 制作 2. 运输 3. 安装
050307020	柔性水池	1. 水池深度 2. 防水（漏）材料品种	m²	按设计图示尺寸以水平投影面积计算	1. 清理基层 2. 材料裁接 3. 铺设

注：砌筑果皮箱、放置盆景的须弥座等，应按砖石砌小摆设项目编码列项。

4.8　措施项目清单编制

4.8.1　脚手架工程

脚手架工程工程量清单项目设置、项目特征描述的内容、计量单位、工程量计算规则应按表 4-13 的规定执行。

表 4-13　脚手架工程（编码：050401）

项目编码	项目名称	项目特征	计量单位	工程量计算规则	工作内容
050401001	砌筑脚手架	1. 搭设方式 2. 墙体高度	m^2	按墙的长度乘墙的高度以面积计算（硬山建筑山墙高算至山尖）。独立砖石柱高度在 3.6m 以内时，以柱结构周长乘以柱高计算，独立砖石柱高度在 3.6m 以上时，以柱结构周长加 3.6m 乘以柱高计算 凡砌筑高度在 1.5m 及以上的砌体，应计算脚手架	1. 场内、场外材料搬运 2. 搭、拆脚手架、斜道、上料平台 3. 铺设安全网 4. 拆除脚手架后材料分类堆放
050401002	抹灰脚手架	1. 搭设方式 2. 墙体高度		按抹灰墙面的长度乘高度以面积计算（硬山建筑山墙高算至山尖）。独立砖石柱高度在 3.6m 以内时，以柱结构周长乘以柱高计算，独立砖石柱高度在 3.6m 以上时，以柱结构周长加 3.6m 乘以柱高计算	
050401003	亭脚手架	1. 搭设方式 2. 檐口高度	1. 座 2. m^2	1. 以座计量，按设计图示数量计算 2. 以 m^2 计量，按建筑面积计算	
050401004	满堂脚手架	1. 搭设方式 2. 施工面高度	m^2	按搭设的地面主墙间尺寸以面积计算	
050401005	堆砌（塑）假山脚手架	1. 搭设方式 2. 假山高度		按外围水平投影最大矩形面积计算	
050401006	桥身脚手架	1. 搭设方式 2. 桥身高度		按桥基础底面至桥面平均高度乘以河道两侧宽度以面积计算	
050401007	斜道	斜道高度	座	按搭设数量计算	

4.8.2　模板工程

模板工程工程量清单项目设置、项目特征描述的内容、计量单位、工程量计算规则应按表 4-14 的规定执行。

表 4-14　模板工程（编码：050402）

项目编码	项目名称	项目特征	计量单位	工程量计算规则	工作内容
050402001	现浇混凝土垫层	厚度	m²	按混凝土与模板的接触面积计算	1. 制作 2. 安装 3. 拆除 4. 清理 5. 刷隔离剂 6. 材料运输
050402002	现浇混凝土路面				
050402003	现浇混凝土路牙、树池围牙	高度			
050402004	现浇混凝土花架柱	断面尺寸			
050402005	现浇混凝土花架梁	1. 断面尺寸 2. 梁底高度			
050402006	现浇混凝土花池	池壁断面尺寸			
050402007	现浇混凝土桌凳	1. 桌凳形状 2. 基础尺寸、埋设深度 3. 桌面尺寸、支墩高度 4. 凳面尺寸、支墩高度	1. m³ 2. 个	1. 以 m³ 计量，按设计图示混凝土体积计算 2. 以个计量，按设计图示数量计算	
050402008	石桥拱券石、石券脸胎架	1. 胎架面高度 2. 矢高、弦长	m²	按拱券石、石券脸弧形底面展开尺寸以面积计算	

4.8.3　树木支撑架、草绳绕树干、搭设遮阴（防寒）棚工程

树木支撑架、草绳绕树干、搭设遮阴（防寒）棚工程工程量清单项目设置、项目特征描述的内容、计量单位、工程量计算规则应按表 4-15 的规定执行。

表 4-15　树木支撑架、草绳绕树干、搭设遮阴（防寒）棚工程（编码：050403）

项目编码	项目名称	项目特征	计量单位	工程量计算规则	工作内容
050403001	树木支撑架	1. 支撑类型、材质 2. 支撑材料规格 3. 单株支撑材料数量	株	按设计图示数量计算	1. 制作 2. 运输 3. 安装 4. 维护
050403002	草绳绕树干	1. 胸径（干径） 2. 草绳所绕树干高度			1. 搬运 2. 绕杆 3. 余料清理 4. 养护期后清除
050403003	搭设遮阴（防寒）棚	1. 搭设高度 2. 搭设材料种类、规格	1. m² 2. 株	1. 以 m² 计量，按遮阴（防寒）棚外围覆盖层的展开尺寸以面积计算 2. 以株计量，按设计图示数量计算	1. 制作 2. 运输 3. 搭设、维护 4. 养护期后清除

4.8.4 围堰、排水工程

围堰、排水工程工程量清单项目设置、项目特征描述的内容、计量单位、工程量计算规则应按表 4-16 的规定执行。

表 4-16 围堰、排水工程（编码：050404）

项目编码	项目名称	项目特征	计量单位	工程量计算规则	工作内容
050404001	围堰	1. 围堰断面尺寸 2. 围堰长度 3. 围堰材料及灌装袋材料品种、规格	1. m³ 2. m	1. 以 m³ 计量，按围堰断面面积乘以堤顶中心线长度以体积计算 2. 以 m 计量，按围堰堤顶中心线长度以延长米计算	1. 取土、装土 2. 堆筑围堰 3. 拆除、清理围堰 4. 材料运输
050404002	排水	1. 种类及管径 2. 数量 3. 排水长度	1. m³ 2. 天 3. 台班	1. 以 m³ 计量，按需要排水量以体积计算，围堰排水按堰内水面面积乘以平均水深计算 2. 以天计量，按需要排水日历天计算 3. 以台班计量，按水泵排水工作台班计算	1. 安装 2. 使用、维护 3. 拆除水泵 4. 清理

4.8.5 安全文明施工及其他措施项目

安全文明施工及其他措施项目工程清单项目设置、计量单位、工作内容及包含范围应按表 4-17 的规定执行。

表 4-17 安全文明施工及其他措施项目（编码：050405）

项目编码	项目名称	工作内容及包含范围
050405001	安全文明施工	1. 环境保护：现场施工机械设备降低噪声、防扰民措施；水泥、种植土和其他易飞扬细颗粒建筑材料密闭存放或采取覆盖措施等；工程防扬尘洒水；土石方、杂草、种植遗弃物及建渣外运车辆防护措施等；现场污染源的控制、生活垃圾清理外运、场地排水排污措施；其他环境保护措施 2. 文明施工："五牌一图"；现场围挡的墙面美化（包括内外粉刷、刷白、标语等）、压顶装饰；现场厕所便槽刷白、贴面砖，水泥砂浆地面或地砖，建筑物内临时便溺设施；其他施工现场临时设施的装饰装修、美化措施；现场生活卫生设施；符合卫生要求的饮水设备、淋浴、消毒等设施；生活用洁净燃料；防煤气中毒、防蚊虫叮咬等措施；施工现场操作场地的硬化；现场绿化、治安综合治理；现场配备医药保健器材、物品和急救人员培训；用于现场工人的防暑降温、电风扇、空调等设备及用电设施；其他文明施工措施

项目编码	项目名称	工作内容及包含范围
050405001	安全文明施工	3. 安全施工：安全资料、特殊作业专项方案的编制，安全施工标志的购置及安全宣传；"三宝"（安全帽、安全带、安全网）、"四口"（楼梯门、管井门、通道门、预留洞口）、"五临边"（园桥围边、驳岸围边、跌水围边、槽坑围边、卸料平台两侧），水平防护架、垂直防护架、外架封闭等防护；施工安全用电，包括配电箱三级配电、两级保护装置要求、外电防护措施；起重设备（含起重机、井架、门架）的安全防护措施（含警示标志）及卸料平台的临边防护、层间安全门、防护棚等设施；园林工地起重机械的检验检测；施工机具防护棚及其围栏的安全保护设施；施工安全防护通道；工人的安全防护用品、用具购置；消防设施与消防器材的配置；电气保护、安全照明设施；其他安全防护措施 4. 临时设施：施工现场采用彩色、定型钢板，砖、混凝土砌块等围挡的安砌、维修、拆除；施工现场临时建筑物、构筑物的搭设、维修、拆除，如临时宿舍、办公室、食堂、厨房、厕所、诊疗所、临时文化福利用房、临时仓库、加工场、搅拌台、临时简易水塔、水池等；施工现场临时设施的搭设、维修、拆除，如临时供水管道、临时供电管线、小型临时设施等；施工现场规定范围内临时简易道路铺设，临时排水沟、排水设施安砌、维修、拆除；其他临时设施搭设、维修、拆除
050405002	夜间施工	1. 夜间固定照明灯具和临时可移动照明灯具的设置、拆除 2. 夜间施工时施工现场交通标志、安全标牌、警示灯等的设置、移动、拆除 3. 夜间照明设备及照明用电、施工人员夜班补助、夜间施工劳动效率降低等
050405003	非夜间施工照明	为保证工程施工正常进行，在如假山石洞等特殊施工部位施工时所采用的照明设备的安拆、维护及照明用电等
050405004	二次搬运	由于施工场地条件限制而发生的材料、植物、成品、半成品等一次运输不能到达堆放地点，必须进行的二次或多次搬运
050405005	冬雨（风）季施工	1. 冬雨（风）季施工时增加的临时设施（防寒保温、防雨、防风设施）的搭设、拆除 2. 冬雨（风）季施工时对植物、砌体、混凝土等采用的特殊加温、保温和养护措施 3. 冬雨（风）季施工时施工现场的防滑处理，对影响施工的雨雪的清除 4. 冬雨（风）季施工时增加的临时设施、施工人员的劳动保护用品、冬雨（风）季施工劳动效率降低等
050405006	反季节栽植影响措施	因反季节栽植在增加材料、人工、防护、养护、管理等方面采取的种植措施及保证成活率措施
050405007	地上、地下设施的临时保护设施	在工程施工过程中，对已建成的地上、地下设施和植物进行的遮盖、封闭、隔离等必要保护措施
050405008	已完工程及设备保护	对已完工程及设备采取的覆盖、包裹、封闭、隔离等必要的保护措施

注：本表所列项目应根据工程实际情况计算措施项目费用，需分摊的应合理计算摊销费用。

4.9　园林工程量清单编制实训

工程量清单编制实例

1.实训目的

通过实训，使学生了解工程量清单的编制程序与方法，熟悉工程量清单的表格格式，掌握工程量清单的编制内容和要求。

2.实训工具和用品

园林工程工程量清单计价指引、施工图纸、预算定额与费用定额、造价信息、施工组织设计等。

3.实训内容和方法

（1）熟悉图纸和文件。

（2）根据《园林绿化工程工程量计算规范》（GB 50858—2013）等文件对工程项目分项、分列项目，并熟悉工程量清单的格式。

（3）计算工程量，整理形成工程量清单。

（4）"封面"的填写，应按规定的内容填写、签字、盖章。

（5）"总说明"的编制。

（6）"分部分项工程量清单"的编制。

（7）"措施项目清单"的编制。

（8）"其他项目清单"的编制。

4.实训报告

编制完成一份详尽的工程量清单。

学习笔记

研讨与练习

1. 简述工程量清单计价法的应用范围。

_____

_____

_____

_____

_____

_____

2. 工程量清单的编制程序是什么？

_____

_____

_____

_____

_____

_____

3. 工程量清单由哪些表格组成？如何编制工程量清单？

_____

_____

_____

_____

_____

_____

项目 5　园林工程量清单计价

1. 了解园林工程预算定额的组成和应用。
2. 掌握园林工程预算定额直接套用方法、换算方法。
3. 掌握工程量清单计价模式下园林工程费用的组成及造价计算程序。

1. 能进行预算定额的直接套用与换算。
2. 结合园林工程造价计算程序和取费标准，在已知直接费的基础上进行其他费用的计算。
3. 能在工程量清单计价模式下编制园林工程预算书。

5.1　园林工程预算定额的组成

园林工程预算定额一般由总说明、册说明、建筑面积计算规范、分部工程定额项目表和有关附录组成。

5.1.1　总说明

总说明是对定额的使用方法及定额中共同性的问题所作的综合说明统一规定。使用定额必须熟悉和掌握总说明内容，以便对整个定额有全面的了解。总说明要点如下。

（1）预算定额的性质、编制原则和作用。

（2）定额的适用范围、编制依据和指导思想。

（3）有关定额人工的说明和规定。

（4）有关建筑材料、成品及半成品的说明和规定。

（5）有关机械台班定额的说明和规定。

（6）其他有关使用方法的统一规定等。

5.1.2 册说明

册说明是对本册定额的使用方法和本册共同性的问题所做的综合说明和规定。使用定额必须熟悉和掌握册说明内容，以便对本册有一个全面了解。

5.1.3 分部工程定额项目表

以《江苏省仿古建筑与园林工程计价表》（2007 年版）为例，它按工程量清单计价的要求，将定额项目按工程实体消耗项目与施工技术措施项目相分离进行设置，内容包括通用项目、营造法原作法项目、园林工程、附录四册。

1. 第一册通用项目内容

（1）土石方、打桩、基础垫层工程。

（2）砌筑工程。

（3）混凝土及钢筋混凝土工程。

（4）木作工程。

（5）楼地面及屋面防水工程。

（6）抹灰工程。

（7）脚手架工程。

（8）模板工程。

2. 第二册营造法原作法项目内容

（1）砖细工程。

（2）石作工程。

（3）屋面工程。

（4）抹灰工程。

（5）木作工程。

（6）油漆工程。

（7）彩画工程。

3. 第三册园林工程内容

（1）绿化种植。

（2）绿化养护。

（3）假山工程。

（4）园路及园桥工程。

（5）园林小品工程。

每一分部工程均列有分部说明、工程量计算规则和定额表。

分部说明：对本部分的编制内容、编制依据、使用方法和共同性问题所做的说明和规定。

工程量计算规则：对本分部各分项工程量计算规则和定额节所做的统一规定。

定额表：定额的基本表现形式。

每个定额表列有工作内容、计量单位、项目名称、定额编号、定额基价以及人工、材料及机械等的消耗定额。有时在定额项目表下还列有附注，说明设计有特殊要求时，怎样利用定额，以及说明其他应作必要解释的问题。

4. 第四册附录

附录是定额的有机组成部分，《江苏省仿古建筑与园林工程计价表》附录由八部分组成。

（1）附录一、混凝土及钢筋混凝土构件模板、钢筋含量表。

（2）附录二、施工机械预算价格取定表。

（3）附录三、混凝土、砂浆配合比表。

（4）附录四、门窗五金用量表。

（5）附录五、材料、成品、半成品损耗率表。

（6）附录六、材料预算价格取定表。

（7）附录七、名称解释。

（8）附录八、仿古建筑项目附图。

表5-1是《江苏省仿古建筑与园林工程计价表》园路面层定额表式。

表5-1　《江苏省仿古建筑与园林工程计价表》园路面层定额表　　计量单位：10m^2

定额编号			3-512		3-513		3-514		3-515	
项　　目	单位	单价	十字海棠式卵石面		冰纹六角式卵石面		高强度透水型混凝土路面砖 200×100×60		文化石平铺	
			数量	合计	数量	合计	数量	合计	数量	合计
综合单价		元	1 842.87		1 587.52		522.09		685.71	
其中	人工费	元	943.50		880.60		69.93		182.04	
	材料费	元	383.00		329.34		418.58		426.32	
	机械费	元	214.45		95.79		11.20		19.09	
	管理费	元	169.83		158.51		12.59		32.77	
	利润	元	132.09		123.28		9.79		25.49	

续表

定额编号				3-512		3-513		3-514		3-515	
项 目		单位	单价	十字海棠式卵石面		冰纹六角式卵石面		高强度透水型混凝土路面砖 200×100×60		文化石平铺	
				数量	合计	数量	合计	数量	合计	数量	合计
综合人工		工日	37.00	25.50	943.50	23.80	880.60	1.89	69.93	4.92	182.04
材料	104010401 本色卵石	t	170.00	0.76	129.20	0.76	129.20				
	302050504 高强度透水型混凝土路面砖	m²	39.00					10.25	399.75		
	108010201 文化石	m²	35.00							10.20	357.00
	102020102 彩色卵石	t	151.00	0.33	49.83	0.33	49.83				
	302016 干硬性水泥砂浆	m²	167.12					(0.303)	(50.64)	0.303	50.64
	204060901 底瓦 19cm×20cm	百块	32.00	1.38	44.16						
	301010102 水泥 32.5 级	kg	0.30							46.00	13.80
	201040103 塑砖 21cm×10cm×1.7cm	百块	34.00	0.92	31.28	1.50	51.00				
	501020201 中砂	t	36.50					0.39	14.24		
	302014 水泥砂浆 1:2.5	m²	207.03	0.36	74.53	0.36	74.53				
	508200301 合金钢切割锯片	片	61.75	0.801	49.46	0.337	20.81	0.042	2.59	0.042	2.59
	305010101 水	m²	4.10	0.62	2.54	0.53	2.17			0.07	0.29
	其他材费	元			2.00		1.80		2.00		2.00
机械	15024 石料切割机	台班	64.00	3.204	205.06	1.35	86.40	0.175	11.20	0.175	11.20
	06016 灰浆拌合机 200L	台班	65.18	0.144	9.39	0.144	9.39	(0.121)	(7.89)	0.121	7.89

注：1. 园路及花街铺地未包括筑边，筑边另按延长米计算。

2. 卵石粒径以 4~6cm 计算，如规格不同时，可进行换算，其他不变。

3. 高强度透水型混凝土路面砖如用砂浆铺人工乘系数 1.3，增加砂浆及拌合机台班，扣中砂数量。

5.2 园林工程预算定额的应用

5.2.1 定额编号

在编制施工图预算时，对工程项目均须填写定额编号，其目的是便于检查使用定额时项目套用是否正确合理，以起减少差错、提高管理水平的作用。园林工程预算定额编号有两种表现形式，即"二代号"编号法和"三代号"编号法。

1. "二代号"编号法

"二代号"编号法，是以园林预算定额中的分部工程序号、分项工程序号两个号码，进行定额编号。其表达形式如下。

其中：

分部工程序号，用阿拉伯数字 1，2，3，4，…

分项工程序号，用阿拉伯数字 1，2，3，4，…

目录中都注明各分部工程的所在页数。项目表中的项目号按分部工程各自独立顺序编排，用阿拉伯字码书写。在编制工程预算书套用定额时，应注明所属分部工程的编号和项目编号。

例如，栽植乔木（土球直径 100cm）定额编号 3-107 计量单位 10 株。

乱铺冰片石面层定额编号 3-520 计量单位 10m^2。

以"二代号"编号法进行项目定额编号较为常见。

2. "三代号"编号法

"三代号"编号法，是以园林预算定额中的分部工程序号、分定额节序号（或工程项目所在定额页数）、分项工程序号等三个号码，进行定额编号。其表达形式如下。

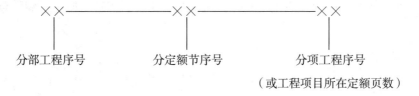

5.2.2　预算定额的查阅方法

定额表查阅目的是为在定额表中找出所需的项目名称、人工、材料、机械名称及它们所对应的数值，一般查阅分三步进行（以横式表为例）。

（1）按分部→定额节→定额表→项目的顺序找到所需项目名称，并从上向下目视。

（2）在定额表中找出所需的人工、材料、机构名称，并从左向右目视。

（3）两视线交点的数值，就是所找数值。

5.2.3　园林工程基价构成

园林工程预算定额的定额基价由人工费、材料费和机械费组成。定额基价的确定方法主要就是由定额所规定的人工、材料、机械台班消耗量（所谓的"三量"）乘以相应的地区日工资单价、材料价格和机械台班价格（即所谓的"三价"）所得到的定额分项工程的基价。

$$人工费 = \sum（某定额项目的工日数 \times 地区相应的日工资单价）$$

$$材料费 = \sum（某定额项目材料消耗量 \times 地区相应材料价格）+ 其他材料费$$

$$机械台班使用费 = \sum（某定额项目机械台班消耗量 \times 地区相应施工机械台班单价）$$

【例 5-1】 计算满铺卵石（十字海棠式）园路面层基价。

【解】 从表 5-1 查得定额编号 3-512。

计量单位：$10m^2$。

$$人工费 = 25.5 \times 37 = 943.5（元）$$

$$材料费 = 0.76 \times 170 + 0.33 \times 151 + 1.38 \times 32 + 0.92 \times 34 + 0.36$$
$$\times 207.03 + 0.801 \times 61.75 + 0.62 \times 4.1$$
$$= 383（元）$$

$$机械费 = 3.204 \times 64 + 0.144 \times 65.18 = 214.45（元）$$

$$基价 = 人工费 + 材料费 + 机械使用费$$
$$= 943.5 + 383 + 214.45$$
$$= 1\ 540.95（元/10m^2）$$

5.2.4　预算定额的应用

预算定额是编制施工图预算，确定工程造价的主要依据，定额使用正确与否直接影响工程造价。在编制施工图预算应用定额时，通常会遇到以下三种情况：定额的套用、换算和补充。

1. 预算定额的直接套用

在应用预算定额时，要认真地阅读掌握定额的总说明，各分部工程说明、定额的适用范围，已经考虑和没有考虑的因素以及附注说明等。当分项工程的设计要求与预算定额条件完全相符时，则可以直接套用定额。这种情况是编制施工图预算中的大多数情况。

在编制单位工程施工图预算的过程中，大多数项目可以直接套用预算定额。套用时应注意以下几点。

（1）根据施工图纸、设计说明和做法说明、分项工程施工过程划分、选择定额项目。

（2）要从工程内容、技术特征和施工方法及材料规格上仔细核对，才能较准确地确定相应的定额项目。

（3）分项工程的名称和计量单位要与预算定额相一致。

2. 预算定额的调整与换算

1）预算定额的换算

当设计要求与定额的工程内容、材料规格、施工方法等条件不完全相符时，则不可直接套用定额。可根据编制总说明、分部工程说明等有关规定，在定额规定范围内加以调整换算。

定额换算的实质就是按定额规定的换算范围、内容和方法，对某些分项工程预算单位的换算。通常只有当设计选用的材料品种和规格同定额规定有出入，并规定允许换算时，才能换算。在换算过程中，定额单位产品材料消耗量一般不变，仅调整与定额规定的品种或规格不相同材料的预算价格。经过换算的定额编号在下端应写个"换"字或"H"。

园林工程预算定额的换算类型常见的有以下六种。

（1）材料价格换算：设计材料价格与定额材料价格不同的换算。

（2）砂浆配合比换算：设计砂浆的配合比或种类与定额不同的换算。

（3）混凝土配合比换算：设计混凝土的配合比或强度等级与定额不同的换算。

（4）系数增减换算：设计项目内容与定额部分不同，采用增减系数的换算。

（5）材料种类换算：设计材料种类与定额不同的换算。

（6）其他换算：除上述五种类型以外的换算。

2）园林工程预算定额换算方法举例

（1）材料价格换算法。当园林工程中设计采用的材料与相应定额采用的材料价格不同而引起定额基价变化时，必须进行换算。其换算公式如下：

换算后基价 ＝ 原定额基价＋（设计材料价格－定额材料价格）×定额材料消耗量

【例 5-2】　某公园假山采用 3.5m 高的黄石假山，定额表详见表 5-2。

设计采用黄石，其市场价格为 170 元/t，求该假山定额基价。

表 5-2　堆砌假山定额表　　　　　　　　　　　计量单位：t

定额编号			3-464		3-465		3-466		3-467	
项　目	单位	单价	黄石假山							
			高度（m 以内）							
			1		2		3		4	
			数量	合计	数量	合计	数量	合计	数量	合计
综合单价	元		277.73		318.67		478.84		615.99	
其中	人工费	元	88.06		111.74		153.92		176.12	
	材料费	元	156.86		165.36		268.24		375.10	
	机械费	元	4.63		5.82		7.42		8.41	
	管理费	元	15.85		20.11		27.71		31.70	
	利润	元	12.33		15.64		21.55		24.66	

续表

定额编号				3-464		3-465		3-466		3-467	
项 目			单位	单价	黄石假山						
					高度（m 以内）						
					1		2		3		4	
					数量	合计	数量	合计	数量	合计	数量	合计
综合人工			工日	37.00	2.38	88.06	3.02	111.74	4.16	153.92	4.76	176.12
材料	104050401	黄石	t	140.00	1.00	140.00	1.00	140.00	1.00	140.00	1.00	140.00
	301001	C20 混凝土 16mm32.5	m³	186.30	0.048	8.94	0.064	11.92	0.064	11.92	0.08	14.90
	302014	水泥砂浆 1∶25	m³	207.03	0.032	6.62	0.04	8.28	0.04	8.28	0.04	8.28
	104030101	条石	m³	2 000.00					0.05	100.00	0.10	200.00
	501080200	钢管	kg	3.80			0.39	1.48	0.54	2.05	0.78	2.96
	402020701	木脚手板	m³	1 100.00			0.0018	1.98	0.0025	2.75	0.0035	3.85
	305010101	水	m³	4.10	0.17	0.70	0.17	0.70	0.17	0.70	0.25	1.03
		木撑费	元							1.04		2.08
		其他材料费	元			0.60		1.00		1.50		2.00
机械	06016	灰浆拌合机 200L	台班	65.18	0.013	0.85	0.016	1.04	0.016	1.04	0.016	1.04
	13072	滚筒式混凝土搅拌机（电动）400L	台班	97.14	0.006	0.58	0.008	0.78	0.008	0.78	0.01	0.97
		其他机械费	元			3.20		4.00		5.60		6.40

注：同表 5-1。

【解】 从定额表 5-2 查阅得到：

该项目定额编号：3-467；

定额基价：559.63 元 /t；

计量单位：t；

定额黄石价格：140 元 /t；

$$换算后基价 = 559.63 + (170 - 140) \times 1$$
$$= 589.63（元 /t）$$

（2）砂浆、混凝土配合比换算法。当园林工程设计采用的砂浆、混凝土配合比与定额规定不同而引起定额基价变化时，必须进行换算。其换算公式如下：

$$换算后基价 = 换算前定额基价 + [设计砂浆（或混凝土）单价$$
$$- 定额砂浆（或混凝土）单价] \times 定额砂浆（或混凝土）用量$$

【例 5-3】 某小区园路采用纹形混凝土面，设计采用现浇混凝土 C20，厚度为

150mm，单价为 230 元 /m³。试求该园路面层基价。

【解】　从定额表 5-3 查阅得到：

该项目定额编号：3-497＋3-499×3；

计量单位：10m²；

定额基价：339.43＋23.69×3＝410.5（元 /10m²）；

定额混凝土：C15；

单价：165.63 元 /m³；

定额混凝土用量：

$$1.224＋0.101×3＝1.527（m³/10m²）$$

$$换算后基价 ＝410.5＋（230－165.63）×1.527$$

$$＝508.79（元 /10m²）$$

表 5-3　园路工程定额表　　　　计量单位：10m²

定额编号			3-497		3-498		3-499	
项　目	单位	单价	纹形混凝土路面		水刷混凝土路面		水刷、纹形混凝土路面	
			厚 12cm				每增减 1cm	
			数量	合计	数量	合计	数量	合计
综合单价	元		370.93		537.14		25.33	
其中	人工费	元		98.42		205.72		5.11
	材料费	元		226.15		248.56		17.32
	机械费	元		14.86		17.03		1.26
	管理费	元		17.72		37.03		0.92
	利　润	元		13.78		28.80		0.72
综合人工	工日	37.00	2.66	98.42	5.56	205.72	0.138	5.11
材料	301009 C15 混凝土 20mm32.5	m³	165.63	1.224	202.73	1.066	176.56	0.101	16.73
	305010101 水	m³	4.10	1.40	5.74	1.40	5.74	0.12	0.49
	302045 水泥石屑浆 1∶15	m³	304.29			0.158	48.08		
	402010901 周转成材	m³	1065.00	0.015	15.98	0.015	15.98		
	其他材料费	元			1.70		2.20		0.10
机械	06016 灰浆拌合机 200L	台班	65.18			0.063	4.11		
	13072 滚筒式混凝土搅拌机（电动）400L	台班	97.14	0.153	14.86	0.133	12.92	0.013	1.26

（3）系数增减换算法。当园林工程图纸设计的工程项目内容与定额规定的相应内容不完全符合时，定额规定在允许范围内，定额的部分或全部采用增减系数调整。其换算公式

如下：

$$换算后基价 = 换算前基价 \pm 定额部分或全部 \times 相应调整系数$$

【例 5-4】 某工程栽植乔木（带土球），土球直径为 600mm，三类土，定额表详见表 5-4。求该项目定额基价。

表 5-4 苗木栽植定额表　　　　　　　计量单位：10 株

定额编号			单位	单价	3-104		3-105		3-106		3-107	
项　目					栽植乔木（带土球）							
					土球直径在（cm 内）							
					60		70		80		100	
					数量	合计	数量	合计	数量	合计	数量	合计
综合单价			元		199.46		249.33		333.38		586.26	
其中	人工费		元		148.00		185.00		247.90		370.00	
	材料费		元		4.10		5.13		6.15		12.30	
	机械费		元		—		—		—		85.56	
	管理费		元		26.64		33.30		44.62		66.60	
	利　润		元		20.72		25.90		34.71		51.80	
综合人工			工日	37.00	4.00	148.00	5.00	185.00	6.70	247.90	10.00	370.00
材料	800000000	苗木	株		(10.50)		(10.50)		(10.50)		(10.50)	
	807012401	基肥	kg	15.00	(4.00)	(60.00)	(6.00)	(90.00)	(8.00)	(120.00)	(10.00)	(150.00)
	305010101	水	m³	4.10	1.00	4.10	1.25	5.13	1.50	6.15	3.00	12.30
机械	03018	汽车式起重机 8t	台班	658.19							0.13	85.56

【解】 从定额表 5-4 查阅得到：

该项目定额编号：3-104；

计量单位：10 株；

定额基价：152.1 元；

其中人工费：148 元；

按定额分部说明规定：起挖或栽植树木均以一、二类土为准，如为三类土，人工乘系数 1.34，四类土人工乘系数 1.76。本工程为三类土，应按定额规定用系数增减换算法换算定额基价，则

$$换算后基价 = 152.1 + 148 \times (1.34 - 1)$$
$$= 202.42（元/10 株）$$

3. 预算定额的补充

当分项工程的设计要求与定额条件完全不相符或者由于设计采用新结构、新材料及新工艺施工方法，在预算定额中没有这类项目，属于额定缺项时，可编制补充预算定额。

编制补充预算定额的方法通常有两种。一种是有补充项目参考的人工、材料、机械台班消耗量，确定人工、材料、机械台班的单价，量乘以价组合成预算定额的基价。另一种方法是补充项目，既测定人工、机械台班消耗量，又确定人工、材料、机械台班的单价，再组合成预算定额的基价。

5.3   工程量清单计价

5.3.1   工程量清单计价简介

工程量清单计价应包括按招标文件规定，完成工程量清单所列项目的全部费用，包括分部分项工程费、措施项目费、其他项目费和规费、税金。

招标工程如设标底，标底应根据招标文件中的工程量清单和有关要求、施工现场实际情况、合理的施工方法以及按照省、自治区、直辖市建设行政主管部门制定的有关工程造价计价办法进行编制。

投标报价应根据招标文件中的工程量清单和有关要求、施工现场实际情况及拟定的施工方案或施工组织设计，依据企业定额和市场价格信息，或参照建设行政主管部门发布的社会平均消耗量定额进行编制。

5.3.2   工程量清单计价程序

工程量清单计价的基本程序主要包括以下几个步骤：确定工程量清单、编制工程量清单表、计算单价、编制工程量清单计价表、编制工程造价汇总表，如图 5-1 所示。

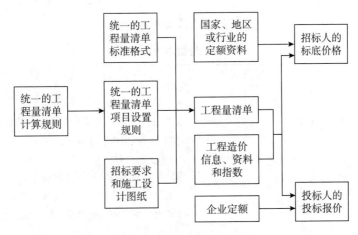

图 5-1 工程量清单计价程序

5.3.3 工程量清单计价过程

工程量清单计价的过程可以分为两个阶段：工程量清单的编制和利用工程量清单来编制投标报价（或招标控制价）。其计算过程如下：

分部分项工程费 $= \sum$ 分部分项工程量 $\times$ 相应分部分项综合单价

措施项目费 $= \sum$ 各措施项目费

其他项目费 $=$ 暂列金额 $+$ 暂估价 $+$ 计日工 $+$ 总承包服务费

单位工程报价 $=$ 分部分项工程费 $+$ 措施项目费 $+$ 其他项目费 $+$ 规费 $+$ 税金

单项工程报价 $= \sum$ 单位工程报价

建设项目总报价 $= \sum$ 单项工程报价

工程量清单计价过程如图 5-2 和表 5-5 所示。

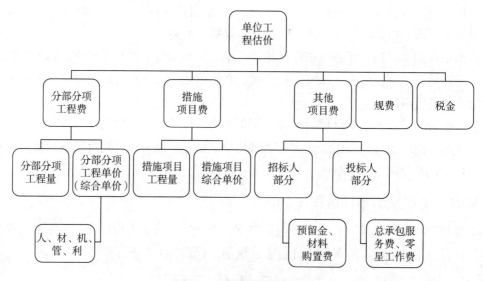

图 5-2　工程量清单计价组成

表 5-5　工程量清单计价方法

序号	名　称	计算方法	说　明
1	分部分项工程费	清单工程量 × 综合单价	综合单价是指完成单位分部分项工程清单项目所需的各项费用。包括完成该工程量清单项目所发生的人工费、材料费、机械费、管理费和利润
2	措施项目费	措施项目工程量 × 措施项目综合单价	措施项目费是指为完成工程项目施工，发生于该工程施工前和施工过程中技术、生活、安全等方面的非工程实体项目。措施项目费根据"措施项目计价表"确定

续表

序号	名　称	计算方法	说　明
3	其他项目费	暂列金	招标人部分的金额可按估算金额确定
		暂估价	
		总承包服务费	根据招标人提出要求所发生的费用确定
		计日工	根据"零星工作项目计价表"确定（零星工作项目工程量 × 综合单价）
4	规费	（1+2+3）× 费率	行政事业性收费是指经国家和省政府批准，列入工程造价的费用。根据规定计算，按规定足额上缴
5	不含税工程造价	1+2+3+4	
6	税金	5× 税率	税金是指按照税收法律、法规的规定列入工程造价的费用
7	含税工程造价	5+6	

5.4　分部分项工程量清单计价

5.4.1　绿化工程清单综合单价的计算

1. 绿化种植说明

（1）本说明适用于城市公共绿地、居住区绿地、单位附属绿地、道路绿地的绿化种植和迁移树木工程。

（2）本说明定额适用于正常种植季节的施工。根据《江苏省城市园林绿化植物种植技术规定（试行）》〔苏建园 2000（204）号〕，落叶树木种植和挖掘应在春季解冻以后、发芽以前或在秋季落叶后冰冻前进行；常绿树木的种植和挖掘应在春天土壤解冻以后、树木发芽以前，或在秋季新梢停止生长后降霜以前进行。非正常种植季节施工，所发生的额外费用，应另行计算。

（3）本说明不含胸径大于 45cm 的特大树、名贵树木、古老树木起挖及种植。

（4）本说明定额由苗木起挖、苗木栽植、苗木假植、栽植技术措施、人工换土、垃圾土深埋等工程内容组成。定额包括绿化种植前的准备工作，种植，绿化种植后周围 2m 内的垃圾清理，苗木种植竣工初验前的养护（即施工期养护），不包括以下内容。

① 种植前建筑垃圾的清除、其他障碍物的拆除。

② 绿化围栏、花槽、花池、景观装饰、标牌等的砌筑，混凝土、金属或木结构构件及设施的安装（除支撑外）。

③ 种植苗木异地的场外运输（该部分的运输费计入苗木价）。

④ 种植成活期养护（见绿化养护相应项目）。

⑤ 种植土壤的消毒及土壤肥力测定费用。

⑥ 种植穴施基肥（复合肥）。

（5）本说明定额苗木起挖和种植均以一、二类土为计算标准，若遇三类土人工乘以系数1.34，四类土人工乘以系数1.76。

（6）本说明施工现场范围内苗木、材料、机具的场内水平运输，均已包括在定额内，除定额规定者外，均不得调整。因场地狭窄、施工环境限制而不能直接运到施工现场，且施工组织设计要求必须进行二次运输的，另行计算。

（7）本说明种植工程定额子目均未包括苗木、花卉本身价值。苗木、花卉价值应分品种不同，按规格分别取定苗木编制期价格。苗木花卉价格均应包含苗木原价、苗木包扎费、检疫费、装卸车费、运输费（不含二次运输）及临时养护费等。

（8）本说明定额子目苗木含量已综合了种植损耗、场内运输损耗、成活率补损损耗，其中乔灌木土球直径在100cm以上，损耗系数为10%；乔灌木土球直径为40～100cm，损耗系数为5%；乔灌木土球直径在40cm以内，损耗系数为2%；其他苗木（花卉）等为2%。

（9）本说明所述的苗木成活率指由绿化施工单位负责采购，经种植、养护后达到设计要求的成活率，定额成活率为100%（如建设单位自行采购，成活率由双方另行商定）。

（10）本说明种植绿篱项目分别按1株/m、2株/m、3株/m、5株/m，花坛项目分别按6.3株/m²，11株/m²、25株/m²、49株/m²、70株/m²进行测算，实际种植单位株数不同时，绿篱及花卉数量可以换算，人工、其他材料及机械不得调整。

（11）起挖、栽植乔木，带土球时当土球直径大于120cm（含120cm）或裸根时胸径大于15cm（含15cm）以上的截干乔木，定额人工及机械乘以系数0.8。

（12）起挖、栽植绿篱（含小灌木及地被）、露地花卉、塘植水生植物，当工程实际密度与定额不同时，苗木、花卉数量可以调整，其他不变。

（13）本说明定额以原土回填为准，如需换土，按换土定额另行计算。

（14）本说明栽植技术措施子目的使用，必须根据实际需要的支撑方法和材料，套用相应定额子目。

（15）楼层间、阳台、露台、天台及屋顶花园的绿化，套用相应种植项目，人工乘以系数1.2，垂直运输费按施工组织设计计算。在大于30度的坡地上种植时，相应种植项目人工乘以系数1.1。

2. 绿化养护说明

（1）本说明项目适用于绿化种植工程成活率养护期及日常养护期（缺陷责任期）养护，不适用施工期养护。施工期养护已包含在绿化种植工程中，不得重复计取。

（2）本说明项目包括乔木、灌木、绿篱、竹类、水生植物、球形植物、露地花卉、攀缘植物、地被植物、草坪园林植物等的养护。本定额绿化养护工程工作内容及质量标准系参照《江苏省城市园林植物养护技术规范》编制，分三个养护级别编列项目，综合考虑了绿地的位置、功能、性质、植物拥有量及生长势等。

（3）成活率养护期的绿化养护工程按照Ⅲ级养护标准乘系数 1.20 执行。在成活率养护期间，若发生非发包方或自然因素，造成的苗木死亡损失，由绿化养护承包方自行承担。

（4）定额计算中的几点说明如下。

① 定额中的人工工日以综合工日表示，不分工种、技术等级，内容包括养护用工（修剪、剥芽、施肥、切边、除虫、涂白、扶正、清理死树、清除枯枝）、辅助用工（环境保洁、地勤安全、装卸废弃物）及人工幅度差等。

② 定额的计量单位分别为株、（延长）米、丛、盆、平方米等；定额综合单价包含的连续养护时间为十二个月（1 年）；若分月承包则按定额综合单价乘以下表系数计算，如果单独承包 12、1、2 冬季三个月的养护工程，其定额综合单价须再乘系数 0.80；若绿化种植工程成活期养护不满一年，可套用三级养护的定额综合单价再按养护月份数乘以系数 1.2 计算，如表 5-6 所示。

表 5-6　绿化养护工程合同养护周期及计算系数表

养护周期	1 个月内	2 个月内	3 个月内	4 个月内	5 个月内	6 个月内
计算系数	0.19	0.27	0.34	0.41	0.49	0.56
养护周期	7 个月内	8 个月内	9 个月内	10 个月内	11 个月内	12 个月内
计算系数	0.63	0.71	0.78	0.85	0.93	1.00

③ 双排绿篱养护按单排绿篱项目综合单价乘系数 1.25 计算。

④ 本定额已考虑绿化养护废弃物的场外运输，运输距离在 15km 以内。

⑤ 定额中的露地花卉类草花种植更换按养护等级，分六次、四次、二次三类，如实际种植、更换的次数有所增减，可按比例调整。

⑥ 定额中的露地花卉类木本花卉、球块根类花卉均含一次深翻及种植费用，如实际未发生，可参照相关定额项目扣除。

⑦ 定额中未列入树木休眠期的施基肥工作内容，如按照苗木的生长势，确需施基肥时，可计算人工工日，同时按确定的肥料种类参照市场价格计取材料费，并进行预算价格调整。

3. 例题

【例 5-5】 见表 5-7，计算绿化工程清单综合单价。

表 5-7　绿化工程量清单

序号	项目编码	项目名称	项目特征描述	计量单位	工程量	综合单价	合价	其中暂估价
						金额 / 元		
1	50102001001	栽植乔木	香樟：胸径 12cm、高度 4.5～5.0m、冠幅 3.5～4.0m、树冠丰满，自然形态（分支＞3），带全冠，土球移栽；工作内容：购买苗木价（含运至施工现场费用）、挖坑、栽种、培土、浇水、养护两年，成活率 100% 等	株	26			

【解】

（1）通过招标文件查询材料价格、人工费等的取费依据，以下为某工程招标文件的编制依据。

① 中华人民共和国住房和城乡建设部《建设工程工程量清单计价规范》（GB 50854—2013）。

②《江苏省仿古建筑与园林工程计价定额》《江苏省建设工程费用定额》（2014 年版）及营改增后调整内容、《省住房城乡建设厅关于调整建设工程按质论价等费用计取方法的公告》（省建设厅公告〔2018〕第 24 号文）、省建设厅公告关于建筑工人实名制费用计取办法〔2019〕第 19 号文等。

③ 材料价格：按 2022 年 3 月市区工程造价信息除税指导价及市场询价计入。

④ 本工程人工费按苏建函价〔2022〕62 号文执行。

⑤ 本工程采用增值税的一般计税方法，依据江苏省住房和城乡建设厅文件：苏建价〔2019〕178 号文。

（2）通过表 5-8 找到人工费的取费标准。

表 5-8　江苏省建设工程人工工资指导价

序号	地区	工种		建筑工程	装饰工程	安装、市政工程	修缮加固工程	城市轨道交通工程	古建园林工程			机械台班	点工
									第一册	第二册	第三册		
4	市	包工包料工程	一类工	121	121-158	109	108	117	104	120	101	117	133
			二类工	117		104							
			三类工	108		99							
		包工不包料工程		154	158-189	139	147	154	143	157	143	—	—

（3）计算过程：假设苗木到场价格为 300 元 / 株。人工单价经过查询为 101 元 / 工日（苏建函价〔2022〕62 号）。

① 栽植

12cm 香樟，土球 12×8＝96（cm）。

首先套用定额 3-107 栽植乔木（带土球，土球直径 100cm），见表 5-9 绿化栽植定额表。

表 5-9　绿化栽植定额表

工作内容：挖塘栽植、扶正回土、捣实、筑水围浇水、复土保墒、整形、清理。　　　　计量单位：10 株

定额编号			单位	单价	3-104		3-105		3-106		3-107	
					栽植乔木（带土球）							
					土球直径在（cm 内）							
项　目			单位	单价	60		70		80		100	
					数量	合计	数量	合计	数量	合计	数量	合计
综合单价			元		199.46		249.33		333.38		586.26	
其中	人工费		元		148.00		185.00		247.90		370.00	
	材料费		元		4.10		5.13		6.15		12.30	
	机械费		元		—		—		—		85.56	
	管理费		元		26.64		33.30		44.62		66.60	
	利润		元		20.72		25.90		34.71		51.80	
综合人工			工日	37.00	4.00	148.00	5.00	185.00	6.70	247.90	10.00	370.00
材料	800000000	苗木	株		(10.50)		(10.50)		(10.50)		(10.50)	
	807012401	基肥	kg	15.00	(4.00)	(60.00)	(6.00)	(90.00)	(8.00)	(120.00)	(10.00)	(150.00)
	305010101	水	m³	4.10	1.00	4.10	1.25	5.13	1.50	6.15	3.00	12.30
机械	03018	汽车式起重机 8t	台班	658.19							0.13	85.56

计算人工费：$10×101＝1\,010$（元/10 株）或 $370＋10×（101－37）＝1\,010$（元/10 株）。

计算材料费：$10.5×300＋3×4.1＝3\,162.3$（元/10 株）。

计算机械使用费：$0.13×658.19＝85.56$（元/10 株）。

计算管理费：$1\,010×0.18＝181.8$（元/10 株），见表 5-10 仿古建筑及园林工程管理费、利润取费标准表。

表 5-10　仿古建筑及园林工程管理费、利润取费标准表

序号	工程名称	计算基础	管理费费率/%			利润费率/%
			一类工程	二类工程	三类工程	
一	仿古建筑工程	人工费＋机械费	57	50	43	12
二	园林工程	人工费	30	24	18	14

计算利润：$1\,010×0.14＝141.4$（元/10 株）。

计算总价：$1\,010＋3\,162.3＋85.56＋181.8＋141.4＝4\,581.06$（元/10 株）。

② 养护

首先套用定额 3-409 三级养护常绿乔木（胸径 20cm 以内），见表 5-11 绿化养护定额表。

表 5-11　绿化养护定额表

工作内容：修剪、剥芽、病虫害防治、施肥、灌溉、树穴切边、除草、保洁、清枯枝及死膀、枯死树处理、加工扶正、环境清理。

计量单位：10 株

定额编号			3-408		3-409		3-410		3-411	
项　目	单位	单价	常绿乔木							
			胸径（cm 以内）							
			10		20		30		40	
			数量	合计	数量	合计	数量	合计	数量	合计
综合单价		元	90.15		115.59		152.12		197.29	
其中	人工费	元	29.71		40.18		54.06		72.04	
	材料费	元	20.94		26.38		36.82		47.92	
	机械费	元	29.99		36.17		43.94		54.27	
	管理费	元	5.35		7.23		9.73		12.97	
	利润	元	4.16		5.63		7.57		10.09	
综合人工		工日	37.00	0.803	29.71	1.086	40.18	1.461	54.06	1.947	72.04
材料	807012901 肥料	kg	2.00	5.00	10.00	7.00	14.00	10.00	20.00	13.00	26.00
	807013001 药剂	kg	26.00	0.20	5.20	0.20	5.20	0.30	7.80	0.40	10.40
	305010101 水	m³	4.10	1.40	5.74	1.75	7.18	2.20	9.02	2.81	11.52
机械	04035 洒水汽车 8 000L	台班	471.53	0.045	21.22	0.056 2	26.50	0.070 8	33.38	0.090 4	42.63
	04005 载重汽车 5t	台班	358.08	0.024 5	8.77	0.027	9.67	0.029 5	10.56	0.032 5	11.64

计算人工费：1.086×101＝109.69（元 /10 株）。

计算材料费：2×7＋26×0.2＋4.1×1.75 元 ＝26.38（元 /10 株）。

计算机械使用费：471.53×0.056 2＋358.08×0.027＝36.17（元 /10 株）。

计算管理费：109.69×0.18＝19.74（元 /10 株）。

计算利润：109.69×0.14＝15.36（元 /10 株）。

计算总价：109.69＋26.38＋36.17＋19.74＋15.36＝207.34（元 /10 株）。

计算养护两年的总价：207.34×2＝414.68（元 /10 株）。

③ 综合单价

计算栽植、养护的总价：（4 581.06＋414.68）÷10＝499.57（元 / 株）。

5.4.2　绿化单价措施项目清单综合单价的计算

1.说明

（1）树木支撑，按支撑材料、支撑形式不同以株计算，金属构件支撑以 t 计算。

（2）草绳绕树干，按胸径不同根据所绕树干长度以 m 计算。

（3）搭设遮阴篷，根据搭设高度按遮阴篷的展开面积以 m^2 计算。

2.例题

【例 5-6】　如表 5-12 所示，试进行草绳绕树干综合单价的计算。

表 5-12　草绳绕树干工程量清单

序号	项目编码	项目名称	项目特征描述	计量单位	工程量	金额/元		
						综合单价	合价	其中暂估价
1	050403002001	草绳绕树干	草绳绕树干胸径在 10cm 以内（用于灌木及小乔木）	株	203			

（1）先套用定额 3-255（草绳绕树干胸径 10cm 以内），如表 5-13 所示。但注意这个定额的单位是 10m，而题目的单位是株。

表 5-13　绿化栽植技术措施定额表

工作内容：搬运、绕杆至第一分枝点、余料清理。　　　　　　　　　　　　　计量单位：10m

定额编号			3-255		3-256		3-257		3-258	
项　目	单位	单价	草绳绕树干							
			胸径（cm 以内）							
			10		15		20		25	
			数量	合计	数量	合计	数量	合计	数量	合计
综合单价	元		25.92		35.82		51.84		71.64	
其中	人工费	元		13.88		18.50		27.75		37.00
	材料费	元		7.60		11.40		15.20		22.80
	机械费	元		—		—		—		—
	管理费	元		2.50		3.33		5.00		6.86
	利润	元		1.94		2.59		3.89		5.18
综合人工	工日	37.00	0.375	13.88	0.50	18.50	0.75	27.75	1.00	37.00
材料 608011501 草绳	kg	0.38	20.00	7.60	30.00	11.40	40.00	15.20	60.00	22.80

（2）其次就要进行单位换算，现假设每株树绕干 1.5m 高，那么相当于完成每株树的绕干需要 1.5m/10m＝0.15 个定额。

（3）计算过程如下。

另假设经过询价草绳单价为 0.5 元/kg。

计算人工费：$0.15×（0.375×101）＝5.68$（元/株）。

计算材料费：$0.15×（0.5×20）＝1.5$（元/株）。

计算机械使用：无。

计算管理费：$5.68×0.18＝1.02$（元/株）。

计算利润：$5.68×0.14＝0.8$（元/株）。

（4）计算综合单价：$5.68＋1.5＋1.02＋0.8＝9$（元/株）。

【例 5-7】 如表 5-14 所示，进行树木支撑架综合单价的计算。

表 5-14 树木支撑工程量清单

序号	项目编码	项目名称	项目特征描述	计量单位	工程量	金额/元		
						综合单价	合价	其中暂估价
2	050403001001	草绳绕树木支撑架树干	ϕ15cm 杉木四脚井字桩	株	30			

（1）先套用定额 3-247（树棍桩、四脚井字桩），如表 5-15 所示。

表 5-15 绿化栽植技术措施定额表

工作内容：制桩、运桩、打桩、绑扎。　　　　　　　　　　　　　　　　　　　　计量单位：10 株

定额编号			单位	单价	3-247		3-248		3-249		3-250	
					树棍桩				毛竹桩			
项　目					四脚井字桩		铅丝吊桩		短单桩		长单桩	
					数量	合计	数量	合计	数量	合计	数量	合计
综合单价			元		318.43		136.49		24.12		37.43	
其中	人工费		元		29.60		25.90		9.25		14.80	
	材料费		元		279.36		102.30		11.90		17.90	
	机械费		元		—		—		—		—	
	管理费		元		5.33		4.66		1.67		2.66	
	利润		元		4.14		3.63		1.30		2.07	
综合人工			工日	37.00	0.80	29.60	0.70	25.90	0.25	9.25	0.40	14.80
材料	808020402	树棍 长 2000mm 内	根	5.08	53.30	270.76						
	402060501	木桩	个	2.01			30.00	60.30				
	508130201	镀锌铁丝 8#	kg	4.20			10.00	42.00				
	508130202	镀锌铁丝 12#	kg	4.30	2.00	8.60			(0.50)	(2.15)	(0.50)	(2.15)
	405010105	毛竹 长 1200mm 内	根	1.00					10.00	10.00		
	405010106	毛竹 长 2000mm 内	根	1.60							10.00	16.00
	608011501	草绳	kg	0.38					5.00	1.90	5.00	1.90

注：1. 树棍为去皮杉木，一遍桐油浸刷，当树木胸径≤20cm 时，取小头直径为 5～8cm，当树木胸径 >20cm 时，取小头直径为 8～10cm。

2. 毛竹桩采用镀锌铁丝绑扎时，扣去草绳，增加镀锌铁丝。

（2）计算过程：

假设经过询价杉木单价为 8.5 元 / 根。

计算人工费：0.8×101＝80.8（元 /10 株）。

计算材料费：53.3×8.5＋2×4.3＝461.65（元 /10 株）。

计算机械使用费：无。

计算管理费：80.8×0.18＝14.54（元 /10 株）。

计算利润：80.8×0.14＝11.31（元 /10 株）。

（3）计算综合单价：（80.8＋461.65＋14.54＋11.31）÷10＝56.83（元 / 株）。

5.4.3　园路工程量清单综合单价的计算

1. 说明

（1）园路包括垫层、面层，垫层缺项可按第一册楼地面工程相应项目定额执行，其综合人工乘以系数 1.10，块料面层中包括的砂浆结合层或铺筑用砂的数量不调整。

（2）如用路面同样材料铺的路沿或路牙，其工料、机械台班费已包括在定额内，如用其他材料或预制块铺的，按相应项目定额另行计算。

2. 工程量计算规则

（1）各种园路垫层按设计图示尺寸，两边各放宽 5cm 乘厚度，以立方米计算。

（2）各种园路面层按设计图示尺寸，长 × 宽按 m² 计算。

（3）路牙、筑边按设计图示尺寸以延长米计算；锁口按 m² 计算。

3. 例题

【**例 5-8**】　园路综合单价的计算，如表 5-16 所示。

表 5-16　园路工程量清单

序号	项目编码	项目名称	项目特征描述	计量单位	工程量	综合单价	合价	其中：暂估价
1		园路	素土压实（夯实度＞90%）；100 厚级配碎石（夯实度 93%）；100 厚商品 C15 素混凝土；30 厚 1：3 水泥砂浆；200×100×40 陶土烧结砖（颜色详见图纸）；铺设方式详见图纸；本清单工程量按照陶土砖面积计算，垫层工程量由投标单位在投标内综合考虑	m²	360			

（1）实际工程量的计算。

通过图 5-3 所示，可以看出园路宽为 2m，园路长为 180m。

① 计算园路土基整理：180×（2＋0.05×2）＝378（m²）。

② 计算垫层 100 厚级配碎石：$180×（2+0.05×2）×0.1=37.8$（m^3）。

③ 计算垫层 100 厚商品 C15 素混凝土：$180×（2+0.05×2）×0.1=37.8$（m^3）。

④ 计算面层 200×100×40 陶土烧结砖：360m^2。

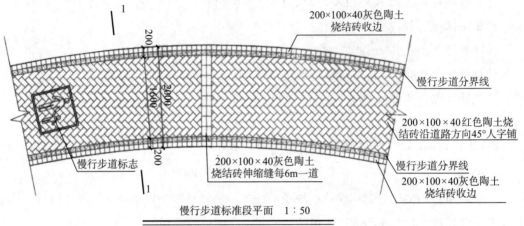

慢行步道标准段平面　1∶50

慢行步道标志每50m设置一个，道路岔口和入口必须设置
伸缩缝每6m一道

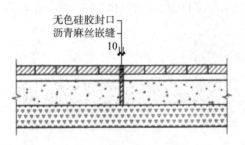

烧结砖伸缩缝剖面图

每隔 6m 设伸缩缝一道。
混凝土垫层采用沥青麻丝填充，板缝采用油膏填充，缝宽 1cm。

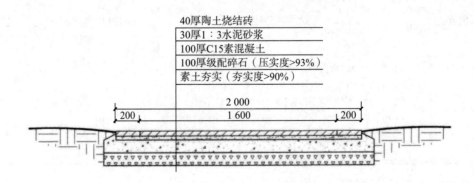

$1—1\ 1:20$

图 5-3　园路施工图

（2）园路土基整理的定额套用。

首先套用定额 3-491 园路土基整理路床，如表 5-17 所示。

表 5-17 园路土基整理定额表

工作内容：1. 厚度在 30cm 以内挖、填土、找平、夯实、弃土 2m 以外。

2. 筛土、浇水、拌合、铺设、找平、灌浆、震实、养护。

定额编号				3-491		3-492		3-493		3-494	
项目		单位	单价	园路土基整理路床		基础垫层					
						砂		灰土3：7		灰土2：8	
				10m³		m³					
				数量	合计	数量	合计	数量	合计	数量	合计
综合单价		元		21.98		82.91		115.41		102.85	
其中	人工费	元		16.65		18.50		37.00		35.15	
	材料费	元		—		57.59		64.97		54.95	
	机械费	元		—		0.90		1.60		1.50	
	管理费	元		3.00		3.33		6.66		6.33	
	利润	元		2.33		2.59		5.18		4.92	
综合人工		工日	37.00	0.45	16.65	0.50	18.50	1.00	37.00	0.95	35.15
材料	101020501 山砂	t	33.00			1.708	56.36				
	302077 灰土3：7	m³	63.51					1.01	64.15		
	302076 灰土2：8	m³	53.59							1.01	54.13
	305010101 水	m³	4.10			0.30	1.23	0.20	0.82	0.20	0.82
机械	机械费	元					0.90		1.60		1.50

注：1. 挖、填土厚度超过 30cm，另行计算。

2. 黏土如需要外运，费用另计。

计算人工费：$0.45 \times 101 = 45.45$（元 /10m²）。

计算材料费：无。

计算机械使用费：无。

计算管理费：$45.45 \times 0.18 = 8.18$（元 /10m²）。

计算利润：$45.45 \times 0.14 = 6.36$（元 /10m²）。

合计：$(45.45 + 8.18 + 6.36) \times (378/10) \div 360 = 6.30$（元 /m²）。

（3）垫层 100 厚级配碎石的定额套用。

首先套用定额 3-495 基础垫层碎石，如表 5-18 所示。

表 5-18　基础垫层定额表

工作内容：拌合、铺设、找平、震实、养护。　　　　　　　　　　　　　　　　计量单位：m³

定额编号			3-495		3-496	
项　目	单位	单价	基础垫层			
			碎石		混凝土	
			数量	合计	数量	合计
综合单价		元	97.08		258.79	
其中	人工费	元	27.01		67.34	
	材料费	元	60.23		159.42	
	机械费	元	1.20		10.48	
	管理费	元	4.86		12.12	
	利　润	元	3.78		9.43	
综合人工	工日	37.00	0.73	27.01	1.82	67.34
材料	301024	C10 混凝土 40mm32.5	m³	154.28			1.02	157.37
	102010304	碎石 5～40mm	t	36.50	1.65	60.23		
	305010101	水	m³	4.10			0.50	2.05
机械	13072	滚筒式混凝土搅拌机（电动）400L	台班	97.14			0.078	7.58
		其他机械费	元			1.20		2.90

计算人工费：$0.73 \times 101 = 73.73$（元 /m³）。

计算材料费：$36.5 \times 1.65 = 60.23$（元 /m³）。

计算机械使用费：1.2 元 /m³。

计算管理费：$73.73 \times 0.18 = 13.27$（元 /m³）。

计算利润：$73.73 \times 0.14 = 10.32$（元 /m³）。

合计：$(73.73 + 60.23 + 1.2 + 13.27 + 10.32) \times 37.8 \div 360 = 16.67$（元 /m²）。

（4）垫层 100 厚商品 C15 素混凝土的定额套用。

套用定额 1-753 商品混凝土非泵送，如表 5-19 所示。

计算人工费：$0.9 \times 101 = 90.9$（元 /m³）。

计算材料费：$1.015 \times 220 + 0.67 \times 4.1 = 226.05$（元 /m³）。

计算机械使用费：$0.156 \times 14 = 2.18$（元 /m³）。

计算管理费：$90.9 \times 0.18 = 16.36$（元 /m³）。

计算利润：$90.9 \times 0.14 = 12.73$（元 /m³）。

合计：$(90.9 + 226.05 + 2.18 + 16.36 + 12.73) \times 37.8 \div 360 = 36.56$（元 /m²）。

表 5-19 混凝土垫层定额表

工作内容: 1. 拌合、平铺、找平、夯实。

2. 混凝土搅拌、水平运输、捣固、养护。

3. 混凝土水平运输、捣固、养护。   计量单位: m³

定额编号				1-750		1-751		1-752		1-753	
项 目		单位	单价					不分格			
				碎石干铺		道碴干铺		自拌混凝土		商品混凝土非泵送	
				数量	合计	数量	合计	数量	合计	数量	合计
综合单价		元		105.53		113.39		278.76		281.05	
其中	人工费	元		24.86		36.85		60.38		33.30	
	材料费	元		64.01		53.28		170.04		226.05	
	机械费	元		1.93		1.93		9.76		2.18	
	管理费	元		11.52		16.68		30.16		15.26	
	利 润	元		3.21		4.65		8.42		4.26	
综合人工		工日	37.00	0.672	24.86	0.996	36.85	1.632	60.38	0.90	33.30
材料	102010304 碎石 5～40mm	t	36.50	1.65	60.23						
	103020101 道碴 40～80mm	t	30.00			1.65	49.50				
	301009 C15 混凝土 20mm32.5	m³	165.63					1.01	167.29		
	303010202 C15 非泵送商品混凝土	m³	220.00							1.015	223.36
	102010301 碎石 5～16mm	t	31.50	0.12	3.78	0.12	3.78				
	305010101 水	m³	4.10					0.67	2.75	0.67	2.75
机械	01068 夯实机（电动）夯击能力 20～62Nm	台班	24.16	0.08	1.93	0.08	1.93				
	13072 滚筒式混凝土搅拌机（电动）400L	台班	97.14					0.078	7.58		
	15003 混凝土震动器（平板式）	台班	14.00					0.156	2.18	0.156	2.18

注: 1. 设计碎石干铺需灌砂浆时另增人工 0.25 工日, 砂浆 0.32m³, 水 0.3m³, 灰浆拌合机 200L 0.064 台班, 同时扣除定额中碎石 5~16mm 0.12t, 碎石 5~40mm 0.04t。

2. 在原土上需打底夯者应另按土方工程中的打底夯定额执行。

（5）面层 200×100×40 陶土烧结砖的定额套用。

套用定额 3-514 高强度型透水混凝土路面砖 200×100×60 , 如表 5-20 所示。另经过询价 200×100×40 陶土烧结砖市场价为 55 元 /m²。

表 5-20 园路面层定额表

工作内容：同前。 计量单位：10m²

定额编号				3-512		3-513		3-514		3-515	
项 目		单位	单价	十字海棠式卵石面		冰纹六角式卵石面		高强度透水型混凝土路面砖 200mm×100mm×60mm		文化石平铺	
				数量	合计	数量	合计	数量	合计	数量	合计
综合单价		元		1 842.87		1 587.52		522.09		685.71	
其中	人工费	元		943.50		880.60		69.93		182.04	
	材料费	元		383.00		329.34		418.58		426.32	
	机械费	元		214.45		95.79		11.20		19.09	
	管理费	元		169.83		158.51		12.59		32.77	
	利润	元		132.09		123.28		9.79		25.49	
综合人工		工日	37.00	25.50	943.50	23.80	880.60	1.89	69.93	4.92	182.04
材料	104010401 本色卵石	t	170.00	0.76	129.20	0.76	129.20				
	302050504 高强度透水型混凝土路面砖	m³	39.00					10.25	399.75		
	108010201 文化石	m³	35.00							10.20	357.00
	102020102 彩色卵石	t	151.00	0.33	49.83	0.33	49.83				
	302016 干硬性水泥砂浆	m³	167.12					(0.303)	(50.64)	0.303	50.64
	204060901 底瓦 19cm×20cm	百块	32.00	1.38	44.16						
	301010102 水泥 32.5 级	kg	0.30							46.00	13.80
	201040103 塑砖 21cm×10cm×1.7cm	百块	34.00	0.92	31.28	1.50	51.00				
	101020201 中砂	t	36.50					0.39	14.24		
	302014 水泥砂浆 1∶2.5	m³	207.03	0.36	74.53	0.36	74.53				
	508200301 合金钢切割锯片	片	61.75	0.801	49.46	0.337	20.81	0.042	2.59	0.042	2.59
	305010101 水	m³	4.10	0.62	2.54	0.53	2.17			0.07	0.29
	其他材料费	元			2.00		1.80		2.00		2.00
机械	15024 石料切割机	台班	64.00	3.204	205.06	1.35	86.40	0.175	11.20	0.175	11.20
	06016 灰浆拌合机 200L	台班	65.18	0.144	9.39	0.144	9.39	(0.121)	(7.89)	0.121	7.89

注：1. 园路及花街铺地未包括筑边，筑边另按延长米计算。

2. 卵石粒径以 4～6cm 计算，如规格不同时，可进行换算，其他不变。

3. 高强度透水型混凝土路面砖如用砂浆铺人工乘以系数 1.3，增加砂浆及拌合机台班，扣中砂数量。

计算人工费：$1.89 \times 101 \times 1.3 = 248.16$（元 /10m²）（用砂浆铺，人工系数乘以 1.3）。

计算材料费：$10.25 \times 55 + 0.303 \times 167.12 + 0.042 \times 61.75 + 2 = 618.98$（元 /10m²）（加砂浆扣中砂）。

计算机械使用费：$0.175 \times 64 + 0.121 \times 65.18 = 19.09$（元 /10m²）（用砂浆铺加拌和机台班）。

计算管理费：$248.16 \times 0.18 = 44.67$（元 /10m²）。

计算利润：$248.16 \times 0.14 = 34.74$（元 /10m²）。

合计：$(248.16 + 618.98 + 19.09 + 44.67 + 34.74) \div 10 = 96.56$（元 /m²）。

（6）综合单价计算。

把以上价格汇总之后得到此园路的综合单价：$6.3 + 16.67 + 36.56 + 90.56 = 150.09$（元 /m²）。

5.5 措施项目清单计价

措施项目清单计价应根据招标文件中的措施项目清单及拟定的施工组织设计或施工方案，可以计算工程量的措施项目，应按分部分项工程量清单的方式采用综合单价计价；其余的措施项目可以"项"为单位的方式计价，应包括除规费、税金外的全部费用。

措施项目清单中所列的措施项目以"一项"提出的，计价时，首先应详细分析其所含工程内容，然后确定其综合单价。

招标人提出的措施项目清单是根据一般情况确定的，没有考虑不同投标人的自身情况，因此投标人在报价时，可以根据本企业的实际情况，增加措施项目内容并报价。

措施项目清单中的安全文明施工费应按照国家或省级、行业建设主管部门的规定计价，不得作为竞争性费用。

措施项目费的计价方法有按定额计价、按费率系数计价、按实物量法计价和分包法计价多种。有的措施费按定额计算，如各类技术组织措施费等；有的措施费按费率计算，如临时设施费夜间施工、二次搬运费等；有的措施费也可按施工经验法估价，如脚手架费和模板费等；有的措施费则按分包费用计价，如大型机械设备进出场及安拆、室内空气污染测试等。

5.5.1 可计算工程量的措施费

可计算工程量的措施费包括施工降水排水费、混凝土与钢筋混凝土模板及支架费、脚手架费、大型机械场外运输及安拆费等。

具体应先根据具体工程、施工方案和所用计价定额计算计价的工程量，然后按计价定额计算其综合单价。计算公式为

$$相应措施项目的计价工程量 \times 综合单价$$

5.5.2　无计价工程量的措施费

无计价工程量的措施费包括安全文明施工费、夜间施工费、二次搬运费、已完工程及设备保护费等。

该部分措施项目费的计取由投标人根据工程所在地建设行政主管部门的相关要求和相关计价费用定额的规定计算。一般按照分部分项工程量清单费和可计工程量措施费中的人工费、机械费之和（或仅人工费）为基数计算。计算公式为

$$措施费＝（人工费＋机械费）×相应组织措施费率$$

或 $$措施费＝人工费×相应组织措施费率$$

需要强调的是，2013版《建设工程工程量清单计价规范》以强制性条文规定了安全文明施工费（含环境保护、文明施工、安全施工、临时设施）应按照国家或省级、行业建设主管部门的规定计价，不得作为竞争性费用。

5.6　其他项目清单计价

其他项目费由招标人部分与投标人部分两大项组成。其他项目清单的金额应按下列规定确定。

5.6.1　招标人部分的内容包括暂列金额和暂估价

招标控制价（标底）中的暂列金额应根据工程特点，按有关计价规定，一般可以分部分项工程量清单费的10%～15%估算；暂估价中的材料单价应根据工程造价信息或参照市场价格估算；暂估价中的专业工程金额应分不同专业，按有关计价规定估算。投标价中暂列金额应按投标人在其他项目清单列出的金额填写；材料暂估价应按招标人在其他项目清单中列出的单价计入综合单价；专业工程暂估价应按招标人在其他项目清单中列出的金额填写。投标人不得修改。

5.6.2　投标人部分的内容包括计日工和总承包服务费

计日工应按照其他项目清单中列出的项目和数量，根据工程特点和有关计价依据计算；总承包服务费应根据招标文件列出的内容和要求估算。招标人可参照下列标准计算总承包服务费：招标人仅要求对分包的专业工程进行总承包管理和协调时，按分包工程的专业工程估算造价的1.5%计算；招标人要求对分包的专业工程进行总承包管理和协调，并同时要求提供配合服务时，根据招标文件中列出的配合服务内容和提出的要求，按分包工程的专业工程估算造价的3%～5%计算；招标人自行供应材料的，按招标人供应材料价值的1%计算。

其他项目清单中的暂列金额、暂估价和计日工，均为估算、预测数量，虽在投标时计

入投标人的报价中，不应视为投标人所有。竣工结算时，应按承包人实际完成的工作内容结算，剩余部分仍归招标人所有。

5.7　规费与税金的确定

5.7.1　规费的计算

规费是指有关部门规定必须缴纳的费用，主要包括以下几个。

工程排污费：包括废气、污水、固体、扬尘及危险废物和噪声排污费等。

建筑安全监督管理费：有关部门批准收取的建筑安全监督管理费。

社会保障费：企业为职工缴纳的养老保险、医疗保险、失业保险、工伤保险和生育保险等社会保障方面的费用（包括个人缴纳部分）。为确保施工企业各类从业人员社会保障权益落到实处，省、市有关部门可根据实际情况制定管理办法。

住房公积金：企业为职工缴纳的住房公积金。

规费 =（分部分项工程费 + 措施项目费 + 其他项目费）× 费率（%）

5.7.2　税金的计算

通常将国家税法中规定的营业税费率、城乡维护建设税率及教育附加费率转换为以税前造价为基数的综合税率，此时税金计算按下列公式执行，即

税金 =（分部分项工程费 + 措施项目费 + 其他项目费 + 规费）× 综合税率（%）

5.8　园林预算费用计算

5.8.1　分部分项工程量清单综合单价的确定

投标人根据招标人提供的工程量清单按照企业定额或建设行政主管部门发布的消耗量定额确定合理的综合单价，具体可以按照以下步骤进行。

（1）按照企业定额或建设行政主管部门发布的消耗量定额对需报价的工程量清单子目分析其项目特征和工程内容，结合工程具体的施工方案确定该清单子目可组合内容和相对应定额子目。

（2）确定可组合定额项目的工程量。

（3）采集、分析市场材料价格，根据企业情况确定合理的人工、材料、机械台班价格。

（4）根据企业自身情况、工程特点、投标竞争等情况，确定该清单子目合理的管理费和利润报价策略，按照本子目施工、材料、人工等因素考虑风险费用。

5.8.2　计算汇总分部分项工程费

分部分项工程费 ＝ 分部分项工程量清单数量 × 综合单价

5.8.3　计算措施项目费

措施项目费应按照措施项目清单所列措施项目的项目名称和序号列项计算，计价时对于投标人认为不发生的措施项目，金额以"0"表示，而不应删除该项目。

5.8.4　计算其他项目费

本费用有暂列金额、暂估价、计日工和总承包服务费等项目，具体要以招标文件规定执行。

5.8.5　规费

规费为施工单位按政府有关部门规定必须交纳的费用，其计取按各地相应费用定额规定。

5.8.6　税金

按费用定额规定的税率计取营业税、城市维护建设税和教育费附加等。

如江苏省费用定额规定的清单计价下工程造价的计算程序，如表 5-21 所示。

表 5-21　工程量清单法工程造价计算程序

序号	费用名称		计算公式	备　注
一	分部分项工程量清单费用		工程量 × 综合单价	按《江苏省仿古建筑园林工程计价表（2007）》计取
	其中	1. 人工费	人工消耗量 × 人工单价	
		2. 材料费	材料消耗量 × 材料单价	
		3. 机械费	机械消耗量 × 机械单价	
		4. 企业管理费	（1＋3） × 费率	
		5. 利润	（1＋3） × 费率	
二	措施项目清单费用		分部分项工程费 × 费率或综合单价 × 工程量	按《江苏省仿古建筑园林工程计价表（2007）》或相关规定计取
三	其他项目费用			双方约定
四	规费			
	其中	1. 工程排污费	（一＋二＋三） × 费率	按规定计取
		2. 安全生产监督费		
		3. 社会保障费		
		4. 住房公积金		
五	税金		（一＋二＋三＋四） × 费率	按当地规定计取
六	工程造价		一＋二＋三＋四＋五	

5.9　园林工程量清单计价实训

5.9.1　实训目的

能学会套用定额算出分部分项工程费和发生的措施项目费，再依据各类取费标准算出其他各类工程费用，最后算出工程总造价。

5.9.2　实训内容

园林工程预算书的编制。

5.9.3　实训准备与要求

下发 ×× 园林工程项目的预算任务书。每个实训小组应至少具备一台计算机、一本记录簿。

5.9.4　实训方法和步骤

1. 下达园林工程预算任务书

由教师和校企合作企业共同指定项目（项目的规模不宜太大），通常以庭园绿化或单位小品工程为对象，提供工程量清单表。

2. 建设工程费用组成及计算

其主要包括分部分项工程费计算、措施项目费计算、其他项目费计算、规费计算、税金计算。

3. 单位工程费用汇总计算。

按江苏省费用定额规定的清单计价下工程造价的计算程序进行费用汇总计算。

5.9.5　实训报告

根据实训任务和指导书编制完成 ×× 园林工程预算书。

───❧ 学 习 笔 记 ❧───

研讨与练习

1. 了解本地区园林工程预算定额,熟悉定额查阅方法。

2. 定额中规定园路基础垫层中 C10 混凝土用量为 1.02 m³,单价为 85.41 元 /m³,相应的定额基价为 100.98 元 /m³,根据图纸要求,换用 C15 细石混凝土,单价为 103.20 元 /m³,含量不变,试求其定额基价。

3. 某 2m 宽(包括路牙)园路,路牙采用 1000mm×150mm×150mm 芝麻白花岗石,路面采用 600mm×300mm×30mm 芝麻灰荔枝面花岗石铺装,30 厚 1∶3 水泥砂浆黏结,基层为 100 厚 C15 素混凝土垫层,150 厚碎石垫层,素土夯实,根据某省定额与价格试计算该园路分部分项工程量清单综合单价。

4. 工程量清单计价中综合单价的构成和计算方法是什么?

5. 简述园林工程施工图预算费用的组成。

6. 简述园林工程施工图预算编制的依据和程序。

7. 简述园林工程施工图预算各项取费的计算方法。

项目6　计算机预算软件的运用

知识目标

1. 会利用园林工程计价软件进行计价操作。
2. 能处理园林工程计价软件中的常见问题。
3. 熟练掌握计价软件的操作流程。

能力目标

1. 能运用计价软件进行园林工程的清单计价和定额计价。
2. 会操作园林绿化项目的调整与换算。

利用计算机预算软件进行报价计算，可以直接导入招标文件电子表格数据，生成相应的投标计价表数据，选定合适的专业（如园林、古建、市政等），直接查询和套用最新的预算定额基价或综合单价，项目的名称、编码、单位、计算规则同步，人、材、机价格同源，一改百改。各项工作界面平台直观，自动弹出的对话框输入数据时快捷、明了，定额换算或补充定额"辅助"功能设置灵活，调价方便，费率可直接选取或按需设定，各部分的费用小计与综合造价同步计算，最后报表可分别按清单计价或定额计价两种模式生成打印。预算软件方法简便、快捷、结果精度高，已经代替传统手工报价做法。

计算机预算软件在全国各省市所用的都不同，但其基本操作都是由项目建立、套定额、工程量输入、定额换算、价格输入与修改、造价计算和打印输出等部分组成。以上流程依招标方、投标方而不同，招标方可以利用清单软件编制工程量清单和标底编制，投标方可以利用清单软件进行投标报价。以下案例以新点2013清单造价软件（江苏版）10.3版本（由江苏国泰新点软件有限公司开发）为例进行演示讲解。

6.1　打开软件

首页的左侧项目栏有"新建项目""快速新建项目""新建工程""接收招标文件""新建结算""新建审核"六个功能，如图6-1所示。如果是投标单位就选择"接收招标文件"，如果是做招标或招标控制就选择"新建项目"。

图 6-1　软件操作首页

6.2　以新建项目为例演示讲解

6.2.1　新建项目

在"新建项目"界面（图 6-2）填好项目编号、项目名称、计价方法等信息，然后单击"确定"按钮并保存到需要的路径中。

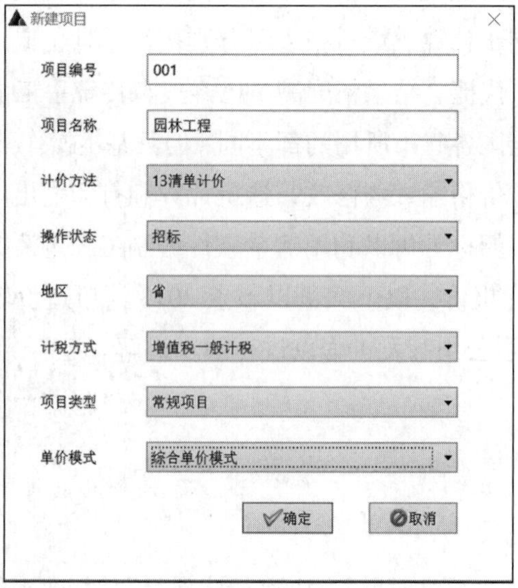

图 6-2　新建项目

6.2.2 新建单位工程

新建项目完成后软件会自动生成新建单位工程界面，如图 6-3 所示，填好工程名称、专业、工程类别等之后，单击"确定"按钮，就建好一个单位工程了，如图 6-4 所示。如还需添加单位工程，则在图 6-4 左侧栏现有单位工程的位置右击并选择"新建单位工程"。同时图 6-4 的右侧栏内的项目概况等信息也需要填写完成，招标方填写招标一栏的信息，投标方填写投标一栏的信息。

图 6-3 新建单位工程

图 6-4 工程项目、单位工程信息表

6.2.3 编制单位工程

双击单位工程"绿化 01"，就生成了单位工程界面，里面包括了"工程信息""计价程序""分部分项""措施项目""其他项目""人材机汇总""工程汇总"六个界面，如图 6-5 所示。

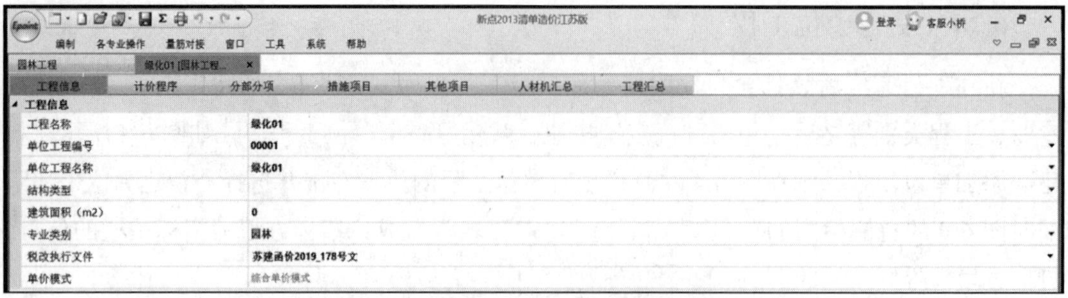

图 6-5　单位工程计价界面

1. 计价程序

如图 6-6 所示，单击"计价程序"界面可以选择取费的专业并调整单位工程的管理费率和利润率，然后按主专业取费、按各专业取费、借用定额按主专业取费三项中选择一项，选择完成后，单击"应用费率"即完成修改。

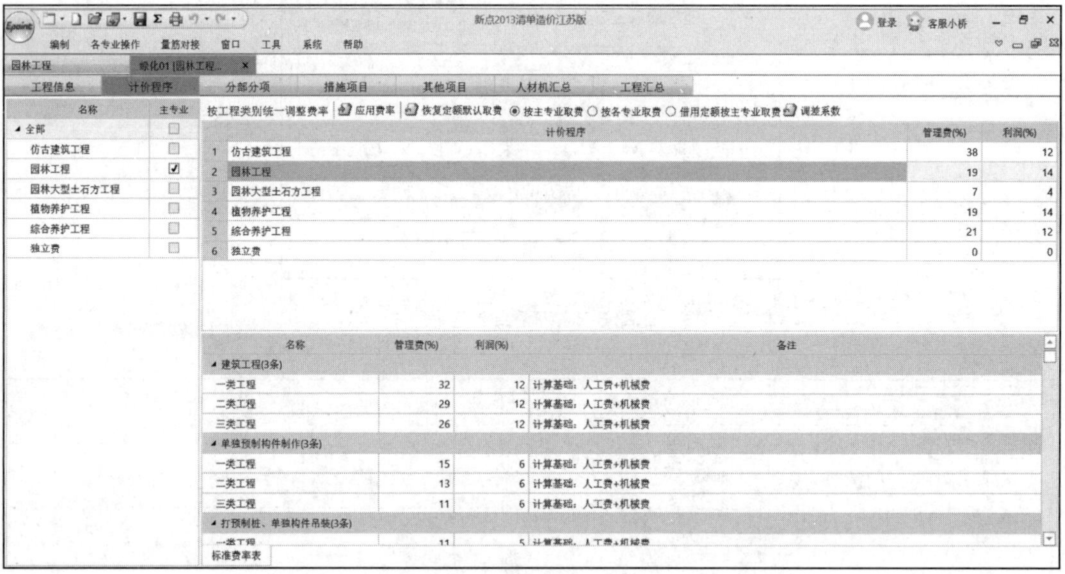

图 6-6　计价程序

2. 分部分项工程量清单

1）分部分项界面简介

如图 6-7 所示，左侧中间空白部分是预算书界面，右侧栏是标准库界面，里面包括了清单、定额、人材机，左侧下方空白部分是辅助界面，包括备注、模板钢筋、计价程序等。

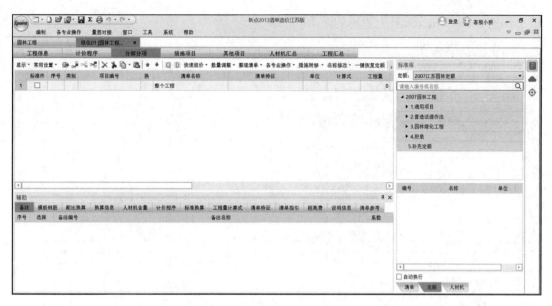

图 6-7 分部分项

2）录入分部

如图 6-8 所示，在分部分项界面的右下角选择"清单"界面，在标准库里可以选择分部，生成一级分部、二级分部等，右击分部可以设置分部层级。

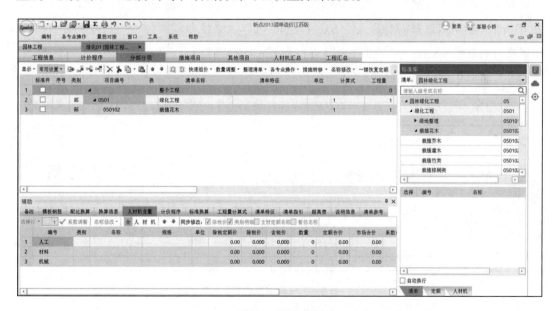

图 6-8 录入分部

3）录入清单

如图 6-9 所示，双击分部分项界面的右侧标准库内相应栏目录入清单，并填写单位、数量和清单特征等。如没有找到相应的清单栏目，可以在上方功能区栏单击"编制补充清单（红色 Q）"按钮完成补充清单的录入。

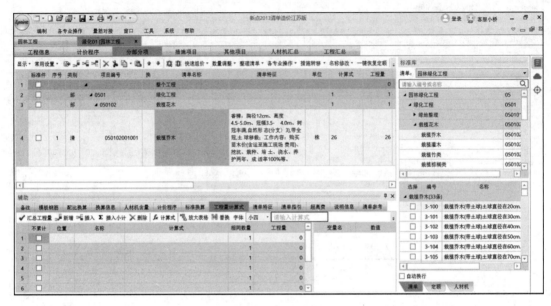

图 6-9　录入清单

如图 6-10 所示，如果已经有 Excel 格式的清单文件，可以直接将 Excel 格式的清单导入软件中。单击"编制"→"导入导出"→"Excel 文件"，会弹出读取 Excel 清单的界面。单击"浏览"，可以选择需要导入的 Excel 文件，其存放路径会显示在"Excel 文件路径"中。如果文件有多个 Sheet，在"工作表"下拉列表中选择需要导入的 Sheet，系统会读取相应数据，并将其中的数据显示在对话框中。

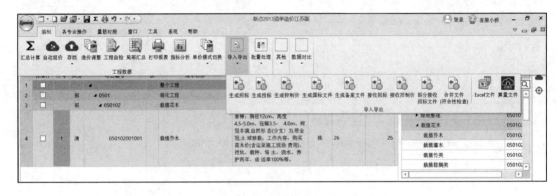

图 6-10　Excel 文件导入

在导入工程之前，将界面切换到"数据预览"，预览数据没有错误，单击"导入工程"就可以将 Excel 清单中的数据导入工程中。建议先将 Excel 清单调整到标准格式，然后导入，以保证文件的正确导入。

4）定额录入

如图 6-11 所示，单击分部分项界面的右下角"定额"把标准库切换到定额库，在右侧栏内选择跟清单项目相应的定额内容，双击此定额就会在清单项目下生成定额项。如果对定额编号比较熟悉，也可以在预算书界面的编号栏内直接输入定额编号，这样也会直接生成定额项。

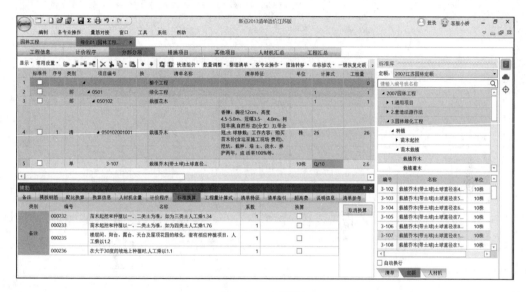

图 6-11　定额录入

如果在定额库中没有找到相对应的定额，可以在分部分项界面的上方功能区单击"编制独立费（红色 D）"按钮，补充独立费、简单定额或补充定额，独立费只要录入材料价格，而简单定额和补充定额则需要录入人材机的价格，如图 6-12 所示。

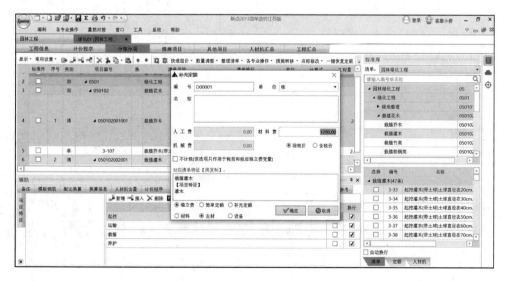

图 6-12　编制独立费、补充定额

5）人材机含量的调整

定额套入后，如果需要调整其人材机的含量，在分部分项界面的辅助栏左上角选择"人材机含量"选项并填入需要调整的系数，单击"系数调整"完成修改，如图 6-13 所示。

图 6-13　人材机含量的调整

如果需要进行人材机的替换，选择需要修改的定额项，然后选择分部分项界面中辅助栏的"人材机含量"模块，右击需要替换的栏目选择"换算"按钮，在出现的换算界面内选择替换后的人材机项目单击"替换"完成人材机的换算，如图 6-14 所示。

图 6-14　人材机的替换

如果是整个单位工程都需要调整人材机的含量，可以单击分部分项界面上方功能栏中的"数量调整"里的"含量调整"进行调整，如图 6-15 所示。

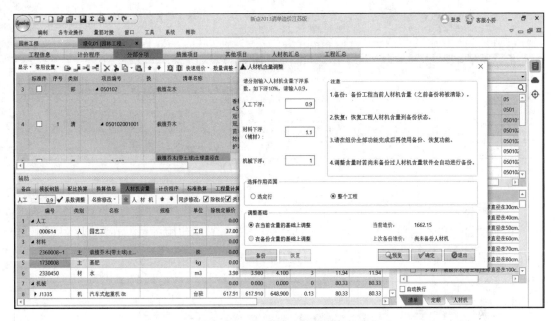

图 6-15 单位工程人材机含量的调整

3. 措施项目

措施项目分为总价措施和单价措施，总价措施中的安全文明施工费是不可竞争费，费率按当地的有关规定执行，投标单位不能任意更改，其他总价措施如夜间施工、二次搬运等可由投标单位按实际情况填报费率，也可在费率栏内双击相关费率选择参考费率，如图 6-16 所示。

号	类别	项目编号	换	清单名称	清单特征	单位	计算式	工程量	计算基础	费率(%)
1		◢		总价措施项目			0	0		0
2		◢ 050405001001		安全文明施工费		项	1	1		100
3	1			基本费		项	1	1	分部分项合计+单价措施项目合计-除税工	1
4	2			增加费		项	1	1	分部分项合计+单价措施项目合计-除税工	0
5	3			扬尘污染防治增加费		项	1	1	分部分项合计+单价措施项目合计-除税工	0.21
6		050405002001		夜间施工		项	1	1	分部分项合计+单价措施项目合计-除税工	0.05
7		050405003001		非夜间施工照明		项	1	1	分部分项合计+单价措施项目合计-除税工	0.3
8		050405004001		二次搬运		项	1	1	分部分项合计+单价措施项目合计-除税工	0
9		050405005001		冬雨季施工		项	1	1	分部分项合计+单价措施项目合计-除税工	0.125
10		050405006001		反季节栽植影响措施		项	1	1	分部分项合计+单价措施项目合计-除税工	0

图 6-16 总价措施

措施项目中的单价措施费不按费率取费，和分部分项工程量清单一样根据清单项目套用定额完成组价，如图 6-17 所示。

图 6-17 单价措施

4. 其他项目

其他项目清单栏内包括暂列金、暂估价、计日工、总承包服务费，在左侧栏内选择相应的项目然后单击添加就能完成其他项目清单的编制，如图 6-18 所示。

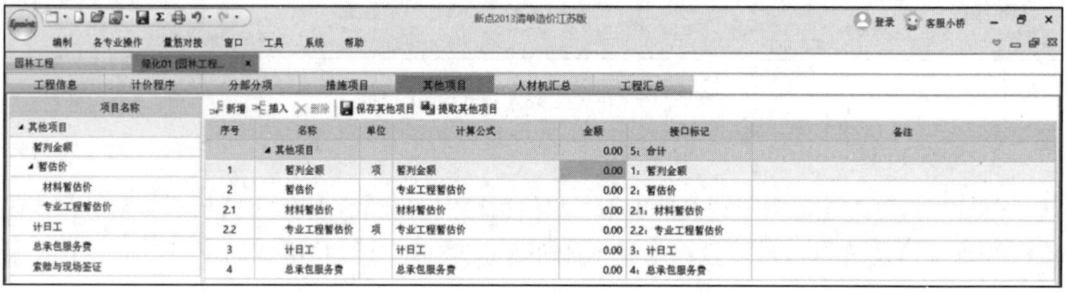

图 6-18 其他项目

5. 人材机汇总

在人材机汇总界面把前面单位工程内所有的人材机进行了汇总，如果编号、名称、单位以及价格是一致的，都会汇总到一起，这样可以节省一条一条去修改的时间，如需要更改人工市场价，只需要单击左侧栏人工选项，在右侧市场价中填入当地的市场价即可，修改材料与机械价格也是一样的办法，如图 6-19 所示。

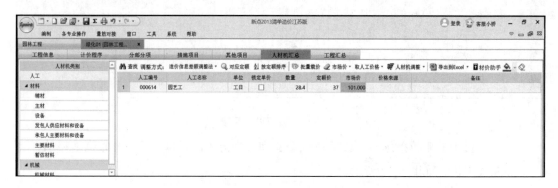

图 6-19 人材机汇总

6. 工程汇总

工程汇总是单位工程内分部分项、措施项目、其他项目、规费和税金的汇总界面，是固定的模板，一般不需要调整，涉及费率和税率也是按规范执行，如图 6-20 所示。

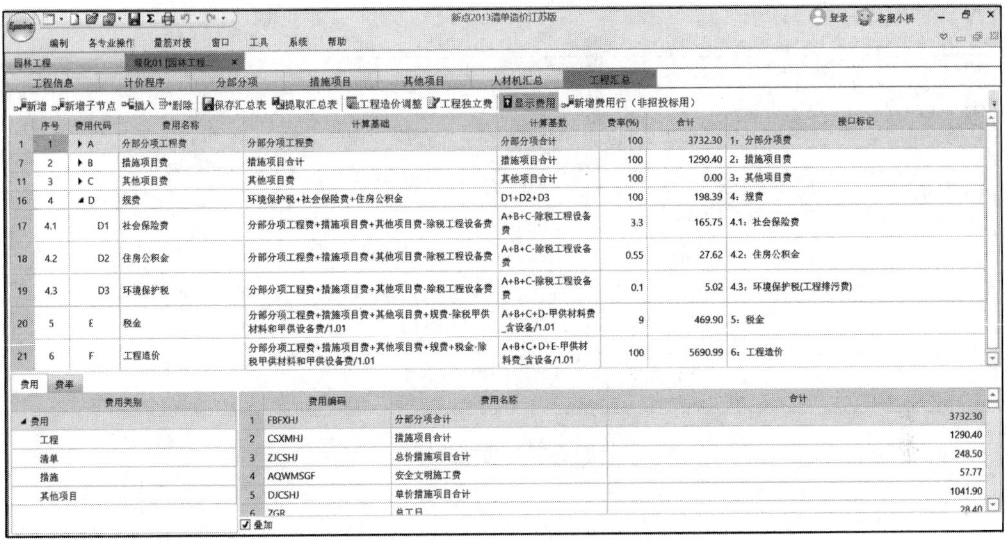

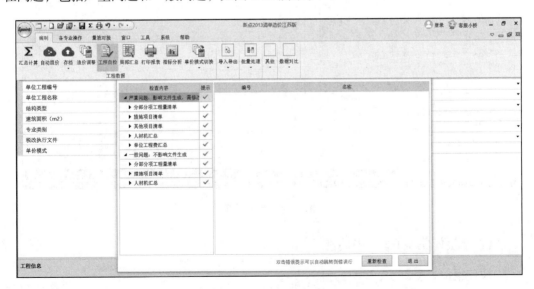

图 6-20 工程汇总

6.2.4 生成投标、招标文件

1. 工程自检

在单位工程的界面通过"编制"中的"工程自检"可以检查单位工程中的各项是否存在问题，包括严重问题和一般问题，如图 6-21 所示。

图 6-21 单位工程自检

2. 生成文件

预算书编制完成后，在整个项目界面上单击"项目"，投标单位通过单击"生成投标"生成投标文件，招标单位或招标代理机构通过单击"生成招标"生成招标文件，如图6-22所示。

图 6-22　生成文件

3. 导出报表

在整个项目界面上单击左上角的"打印"按钮，可以导出单项工程、单位工程报价报表，并可以生成 Excel、Word、PDF 格式，如图6-23所示。

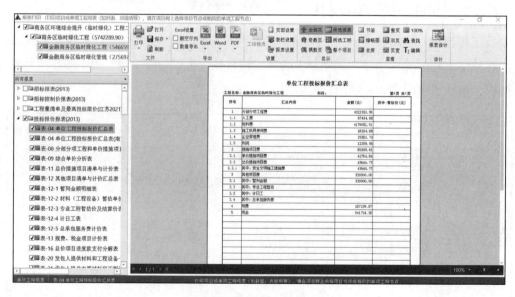

图 6-23　导出报表

6.2.5　软件常见的一些功能

1. 快速组价

一个项目中相同专业的工程，某些部位的做法基本上都是相同的，清单组价也基本一致，只是工程量会有所不同，此时如果能将原来已经做好的工程复制过来进行修改，能够大大地提高工作效率；另外，如果组价已经基本完成，招标方又发布了答疑文件，修改的内容可能仅部分清单工程量或者描述，此时如果能将原工程的组价对应复制过来，再稍作修改即可完成投标报价，就能省去重新组价的工作。

在分部分项界面可以通过快速组价中的外工程复制、外工程智能复制、提取其他清单组价等功能复制外工程相同特征的定额，这样能节省不少的工作量，如图 6-24 所示。

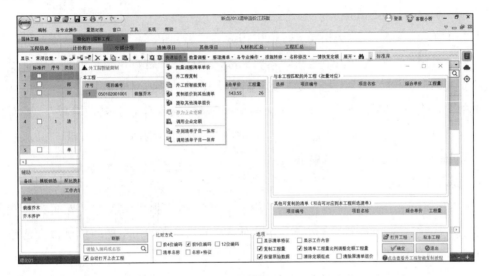

图 6-24　快速组价

1）外工程复制

依次单击"快速组价"→"外工程复制"→"打开工程"，打开作为参考的工程，复制的方式有以下三种。

（1）直接复制。单击"外工程复制"，在打开的参考工程中选中需要复制的清单和定额，单击"插入预算书"，就能将清单定额一起插入预算书。

（2）根据清单编码复制。该功能是根据复制工程和参考工程中清单 12 位编码对应复制的。软件会根据清单编码匹配清单，并将定额复制到对应清单下。如果编码不一致，则匹配不到合适的清单。

（3）根据清单序号复制。该功能是根据复制工程和参考工程中清单的序号对应复制的。软件会根据序号匹配清单，并将定额复制到对应清单下。这种复制方式适用于两个工程清单顺序一致的情况。

若勾选"按清单工程量比例调整定额工程量"，原来计算式含"Q"则不变；不含"Q"值则按照当前清单和目标清单比例调整，定额工程量＝（外工程子目工程量÷外工程清单工程量）×本工程清单工程量。若不勾选，则直接复制外工程中定额子目的工程量，不做调整。

"复制工程量计算式"默认为勾选，不勾选时，复制清单定额时会清除工程量计算式。

2）外工程智能复制

单击"快速组价"→"外工程智能复制"，单击"打开工程"按钮，打开需参考的外工程。相比于"外工程复制"增加了多种清单匹配方式。界面左侧是当前的预算书，右侧上方显示了供参考的外工程的预算书，右侧下方按照所选比对方式（清单名称／前4位／前9位／前12位编码）自动匹配出相似的清单供选择和参考。

3）复制组价到其他清单

在一个单位工程中，做法相同、特征也相近的清单会很多，组价也都基本一样。例如安装工程中配电箱的安装，每个楼层的安装也都是一样。在进行投标报价时，一个楼层的配电箱安装清单组价完成后，可以复制到其他各个楼层，提高组价效率。

选中已经套好子目的清单，单击"快速组价"→"复制组价到其他清单"，界面右下方会显示符合当前比对方式的参考清单，勾选需要复制组价的清单后，单击"插入"即可将当前清单的组价复制到这些清单下。

4）提取其他清单组价

选中需要组价的清单，单击"快速组价"→"提取其他清单组价"，界面右上方会显示符合当前比对方式的参考清单，右下方界面显示的供参考的清单的组价子目。选择好参考清单，"插入"即可提取参考清单的组价。

另外，也可提取外工程中清单组价，只需单击下方的"打开工程"，选择参考工程，后续操作同上，不再赘述。

2. 批量载价

在人材机汇总界面可以选择批量载价，这样可以把信息价、市场价、企业库中的人材机价格批量替换本单位工程中的人材机价格，如图6-25所示。

图6-25　批量载价

3. 调整清单综合单价

在调价过程中期望快速地将清单综合单价调整到期望值时可以使用"综合单价调整"功能。

如图 6-26 所示，选中需要调整的清单右击"综合单价调整"，如果清单下没有定额子目，会以独立费的形式录入一笔费用。弹出对话框，默认的名称与清单名称一致，输入材料费即可。

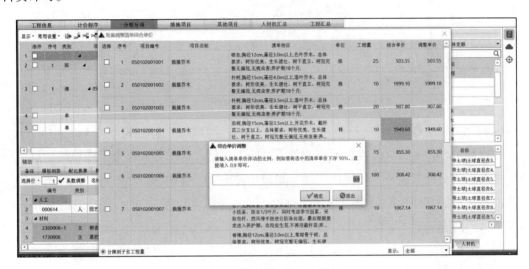

图 6-26 批量调整清单综合单价

如果清单下已经录入了定额子目，则会弹出对话框，在"调整综合单价为"中输入期望值，单击"确定"即可。其中，若选择"分摊到子目工程量"，软件会自动调整清单下子目工程量，以适应新综合单价；若选择"分摊到工料机含量"，则自动调整清单下定额的人材机含量（主材、设备默认不参与计算），以适应新的综合单价。

在分部分项界面可以通过快速组价中的"批量调整清单单价"调整单位工程内的清单综合单价，右击需要修改的清单子目填入需要调整的系数即可。

4. 统一调整费率

每个公司的管理成本和期望利润值可能不尽相同，清单组价完成之后，有时需要对整个项目的管理费和利润费率进行调整，这时就可以使用此功能。进入项目视图，依次单击"项目"→"量价费调整"→"费率"。输入项目管理费和利润的浮动系数，单击"预览"可看到浮动之后的计算结果，如果不是想要的造价，可继续修改比例，预览直至达到期望造价，单击"调整"即可完成项目费率的调整，如图 6-27 所示。

如希望某费率上浮 10%，则输入 110，调整的费率 = 调整前的费率 ×110%；如果是下浮 10%，则输入 90，调整后的费率 = 调整前的费率 ×90%。也可以勾选"直接调整费率"，直接在管理费和利润列填入期望费率。

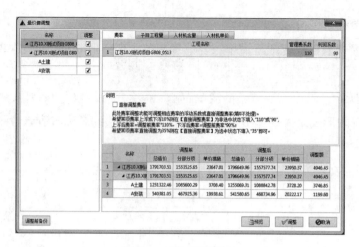

图 6-27　统一调整费率

5. 调整子目工程量

项目调价时为了报价可能会需要调整子目的工程量。如果是调整整个项目的子目工程量，可以用"量价费调整"中的此功能。如果是对单位工程中部分子目进行批量调整，如拆除混凝土道路套用拆除混凝土垫层子目时，工程量需乘以系数 0.9，那么这时可用"系数调整"的功能。

项目下子目的整体调整：进入项目视图，单击"项目"→"量价费调整"→"子目工程量"。输入"工程量调整系数"，单击"预览"可查看到调整之后的结果，如果不是想要的造价，可继续修改比例，预览直至达到期望造价，单击"调整"，即可完成子目工程量的批量调整，如图 6-28 所示。

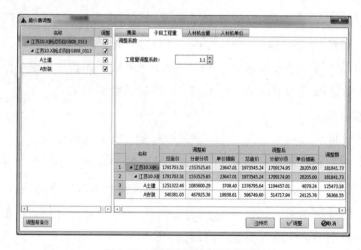

图 6-28　项目下调整子目工程量

此处需要输入的是调整系数。如希望所有子目工程量上浮 10%，则输入 1.1，调整后的子目工程量 = 调整前的工程量 ×110%；如果是下浮 10%，则输入 0.9，调整后的子目

工程量 = 调整前的工程量 ×90%。

单位工程中子目工程量的批量调整：在预算书中选中需要调整的子目（多条子目可通过拖拉多选，或者按 Ctrl 键选中），依次单击预算书界面工具条中的"系数调整"→"工程量调整"，输入调整系数，选择调整范围后，单击"确定"即可完成子目工程量的批量调整，如图 6-29 所示。

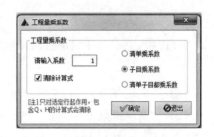

图 6-29　单位工程下调整子目工程量

此操作只对选定行起作用，操作前需在预算书界面选中需要调整的范围，然后在这个范围之内可选择清单、子目或清单子目乘系数。

6. 调整人材机含量

软件中人材机的含量是根据各地定额书中规定的含量录入的，一般情况下人材机含量是不建议调整的，但是自主报价的时候，投标方可能会根据实际项目特征和工艺要求对人材机的含量进行调整。如果逐一调整会很烦琐，软件提供了统一调整的功能可提高调价效率。

项目人材机含量的整体调整：进入项目视图，依次单击"项目"→"量价费调整"→"人材机含量"，输入"调整系数"，单击"预览"可查看到调整之后的结果，如果不是想要的造价，可继续修改比例，预览直至达到期望造价，单击"调整"，即可完成人材机含量的批量调整，如图 6-30 所示。

图 6-30　项目下调整人材机含量

7. 调整人材机价格

组价结束后，在定价阶段需要调整项目总价，通过此功能可快速调整项目人材机的现行价。

项目人材机现行价的整体调整：进入到项目视图，依次单击"项目"→"量价费调整"→"人材机单价"，输入"调整系数"，单击"预览"可查看到调整之后的结果，如果不是想要的造价，可继续修改比例，预览直至达到期望造价，单击"调整"，即可完成人材机现行价的批量调整，如图 6-31 所示。

图 6-31 项目下调整人材机价格

调整过程中可选择甲供、暂估、人工、分部分项、单价措施不参与调整，只需在"全局选项"中勾选设置即可。此处的材料调整系数只针对辅材。

8. 造价调整

在投标过程中，组价完成之后，通常会根据投标策略不断地调整项目造价，以提高中标概率。项目"造价调整"功能能够帮助投标方快速、准确地调整到目标价位，是辅助调价非常有效的一种调整方式。

进入项目视图，单击"项目"→"造价调整"。

方式一：输入"期望值"，选择"调整方式"，单击"预览"软件会根据选择的调整方式自动计算出人材机的调整系数，"预览"可看到预计的调价结果，确认调整结果无误之后，单击"确定"完成调价。

方式二：勾选界面下方的"手动调整系数"选择"调整方式"，手动输入人材机的调整系数，单击"预览"，在"预览"列可查看到调整结果，确认调整结果无误之后，单击"确定"完成调价，如图 6-32 所示。

图 6-32 造价调整

项目调价之后不能恢复，建议在调价之前对当前工程进行备份。软件中直接单击"调整前备份"进行备份。

9. 措施费费率调整

清单组价完成之后，有时需要修改各个单位工程的措施项目的费率，这时可以用统一填写总价措施费率的功能，便于统一修改。

进入项目视图，单击"项目"→"措施费率"。单击左侧项目树中的单位工程，右侧即显示该单位工程中措施项目的内容，可直接双击修改费率，也可参考默认措施费率。将需要修改的措施费率都修改好后，单击"确定"，即可完成对措施费率的统一修改，如图 6-33 所示。

名称	造价	序号	项目编号	清单名称	单位	工程量	计算基础	费率(%)
江苏10.X测试项目GB08_0	1791703.51	▲		措施项目一		0		0
江苏10.X测试项目GB08	1791703.51	▲		通用措施项目		1		0
A土建	1251322.46	1	CS00007	现场安全文明施工	项	1		100
A安装	540381.05	1.1	CS00007001	基本费	项	1	分部分项合计	2.2
		1.2	CS00007002	考评费	项	1	分部分项合计	1.1
		1.3	CS00007003	奖励费	项	1	分部分项合计	0.4
		2	CS00002	夜间施工	项	1	分部分项合计	1 ...
		3	CS00004	冬雨季施工	项	1	分部分项合计	0.05
		4	CS00005	已完工程及设备保护	项	1	分部分项合计	0.05
		5	CS00006	临时设施	项	1	分部分项合计	1
		6	CS00008	材料与设备检验试验	项	1	分部分项合计	0.2
		7	CS00009	赶工措施	项	1	分部分项合计	1
		8	CS00010	工程按质论价	项	1	分部分项合计	1
		▲		专业工程措施项目		1		0
		9	CS01004	住宅工程分户验收	项	1	分部分项合计	0.08

图 6-33 措施费费率调整

10. 工程合并

在实际的投标报价过程中，有些比较大的标清单编制和组价的工作量比较大；有时投标报价的时间比较紧张，在这些情况下往往需要多人协作，几个人同时做，最后将工程进行合并。软件提供了导入并合并工程的功能，方便操作。

打开项目文件，在项目树上选中需要导入工程的节点，右击"导入工程"，选择需要合并的工程，确定导入即可将多个工程合并为一个项目文件，如图6-34所示。

11. 项目树回收站

做预算的过程中，如果单位工程较多，很可能会出现误删除的可能。针对这个情况，软件特意增加了项目树回收站这个功能。用户若万一错删了工程，可以从回收站中还原。

删除的单位工程都会自动进入项目树回收站，若想恢复，只需右击项目树，单击"显示回收站"，回收站中显示了被删除的所有单位工程信息，包括名称、删除日期。直接双击某一单位工程，即可将其恢复到项目中；或者选中工程，右击"还原"。确认回收站中的工程都无用后，可清空回收站，如图6-35所示。

图 6-34　工程合并　　　　　　　图 6-35　项目树回收站

12. 清单特征参考

同一工程中会存在很多相似做法的清单，这些清单的特征也都相同或者十分相似。例如安装工程，有些清单可能仅主材的规格有差异，其他特征描述都是一样的，如果逐一描述这些清单的特征就会占用清单编制很大一部分时间。通过此功能可将编辑完成的清单特征应用到相似清单，省去了重复录入相同或者类似清单特征的工作。

编辑一条清单的特征之后，在辅助栏中单击"应用到其他清单"，软件会自动挑选出工程中与选中清单前 9 位编码一致的清单，勾选需要应用的清单，单击"确定"即可将已经编辑完成的清单特征复制到这些相同的清单中，再对有差异的部分进行调整即可完成特征描述，如图 6-36 所示。

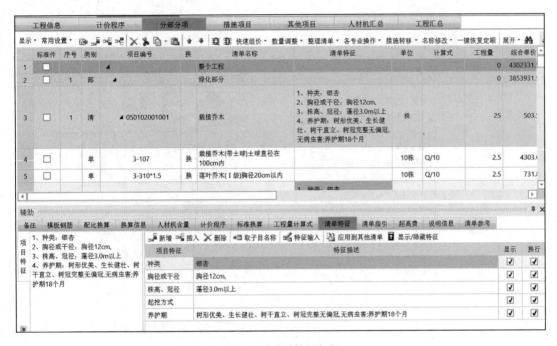

图 6-36 清单特征参考

13. 清单工程量的录入

招标方在计算清单工程量时，很多时候可能需要查看 CAD 图纸来计算工程量，如果计算过程较为复杂，可以利用工程量明细，来输入多个表达式计算工程量。

（1）单击"辅助"→"工程量计算式"，输入计算公式，软件会自动计算出结果，并把结果输入清单工程量中。如果公式比较复杂，可单击"放大表格"将计算式编辑界面最大化。其中"隐藏主窗体"可隐藏主界面，打开 CAD 图纸之后继续编辑计算公式，如图 6-37 所示。

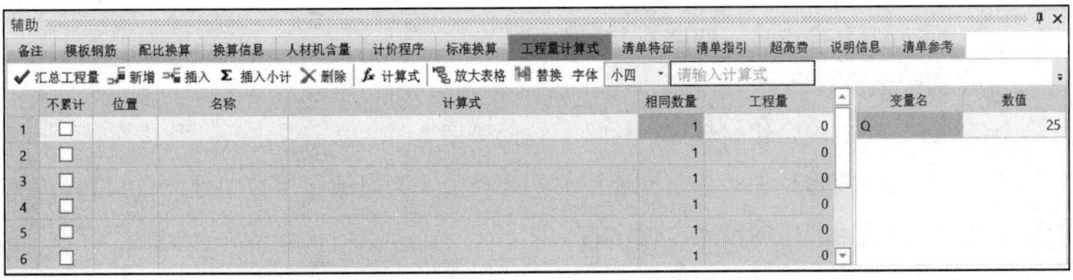

图 6-37 清单工程量的录入 1

（2）计算常用构件的工程量，可利用软件中提供的常用面积、体积、周长等公式，通过输入参数，把计算结果作为工程量输入。如图6-38所示，单击"辅助"→"工程量计算式"界面的"计算式"，左侧是计算公式，在右侧输入参数，单击"确定"即可输入工程量计算式。

图 6-38　清单工程量的录入 2

14. 定额换算

软件根据定额的章节说明及附注信息，将定额子目允许的换算方式做到软件中，只要进行简单操作，软件会自动完成如添加备注、换算配比、含灰量调整、关联定额、填写主材单价等操作。

1）标准换算

录入含有标准换算的定额，软件会自动弹出"标准换算"的窗口，勾选需要的换算项即可完成定额量、价的换算；如果定额已经录入，则选中定额，单击"辅助"下的"标准换算"选项卡完成标准换算，如图6-39所示。

2）定额配比换算

需要对定额中的配合比材料进行标号、粒径等换算时，就需要进行"配比换算"。

（1）在标准换算窗口中，单击配比换算的下拉箭头，可通过名称关键词查找到需要换算的配比，双击选定配比即可完成配比的换算。

（2）单击"辅助"→"配比换算"选项卡，选中需要换算的配比，如图6-40所示。

3	☐	1	清	◢ 050102001001	锁	栽植乔木	香樟;胸径30cm;冠径>500cm,总高度>700cm,枝下高>250cm,实生苗,树形优美,全冠;养护期18个月;	株		10	4739.5
4	☐		单	3-111		栽植乔木(带土球)土球直径在180cm内		10株	Q/10	1	46820.2
5	☐		单	3-306*1.5	换	常绿乔木(Ⅰ级)胸径30cm以内		10株	Q/10	1	575.3
6	☐	2	清	◢ 050102001002	锁	栽植乔木	香樟;胸径25cm;冠径>450cm,总高度>600cm,枝下高>250cm,实生苗,树形优美,全冠;养护期18个	株		47	2414.1

辅助　🖈 ✕

备注	模板钢筋	配比换算	换算信息	人材机含量	计价程序	标准换算	工程量计算式	清单特征	清单指引	超高费	说明信息	清单参考

类别	编号	名称	系数	换算	
	000232	苗木起挖和种植以一、二类土为准,如为三类土人工乘1.34	1	☐	**取消换算**
	000233	苗木起挖和种植以一、二类土为准,如为四类土人工乘1.76	1	☐	
备注	000234	土球直径大于120CM(含120cm)或裸根时胸径大于15CM以上的截干乔木,人工机械乘以0.8	1	☐	
	000235	楼层间、阳台、露台、天台及屋顶花园的绿化,套有相应种植项目,人工乘以1.2	1	☐	
	000236	在大于30度的坡地上种植时,人工乘以1.1	1	☐	

图 6-39　标准换算

| 14 | ☐ | 6 | 清 | ◢ 050201001006 | 锁 | 园路 | 红色糙面烧结砖200*100*40,30mm厚1:3水泥砂浆;(含灌缝、填缝等图示工作内容);具体做法详见设计图纸; | m2 | | 44.424 | 76.0 |
| 15 | ☐ | | 单 | 3-514.1 | 换 | 园路砂浆铺高强度透水型砼路面砖200×100×60 | | 10m2 | Q/10 | 4.4424 | 766.5 |

辅助　🖈 ✕

备注	模板钢筋	配比换算	换算信息	人材机含量	计价程序	标准换算	工程量计算式	清单特征	清单指引	超高费	说明信息	清单参考

◢ 配比库		编号	名称	单位	单价
防水混凝土		62612	水泥砂浆 1:1	m3	267.49
普通混凝土		62622	水泥砂浆 1:1.5	m3	240.86
其它砼		62632	水泥砂浆 1:2	m3	221.77
抹灰砂浆		62643	水泥砂浆 1:2.5	m3	207.03
其它砂浆		62653	水泥砂浆 1:3	m3	182.43
砌筑砂浆		62662	干硬性水泥砂浆	m3	167.12
		62672	防水砂浆 1:1	m3	325.63

图 6-40　配比换算

3）批量换算

需要整体替换工程中的某一项人材机,就需要进行批量换算。比如在安装工程中,可能会要求更换材料,如需要把定额中的"膨胀螺栓"换成材料"伞形螺栓",这时如果去逐一替换每个子目下的材料就会非常麻烦,通过"批量换算"就能很简便地完成批量替换。

单击"编制"菜单下的"批量换算"→"定额组成批量换算",左侧是工程中所有的人工、材料和机械项,在右侧填写需要替换的材料信息,单击"确定"即可换算。其中右侧材料信息的填写可以通过右击"取左边材料名称"的功能,软件自动把原材料的编号、名称等信息复制到新编号、新名称中,然后手动修改成换算的材料信息,简化材料信息填写的步骤。也可以通过左下方的查询功能，在定额库中查找到替换材料双击即可，如图 6-41 所示。

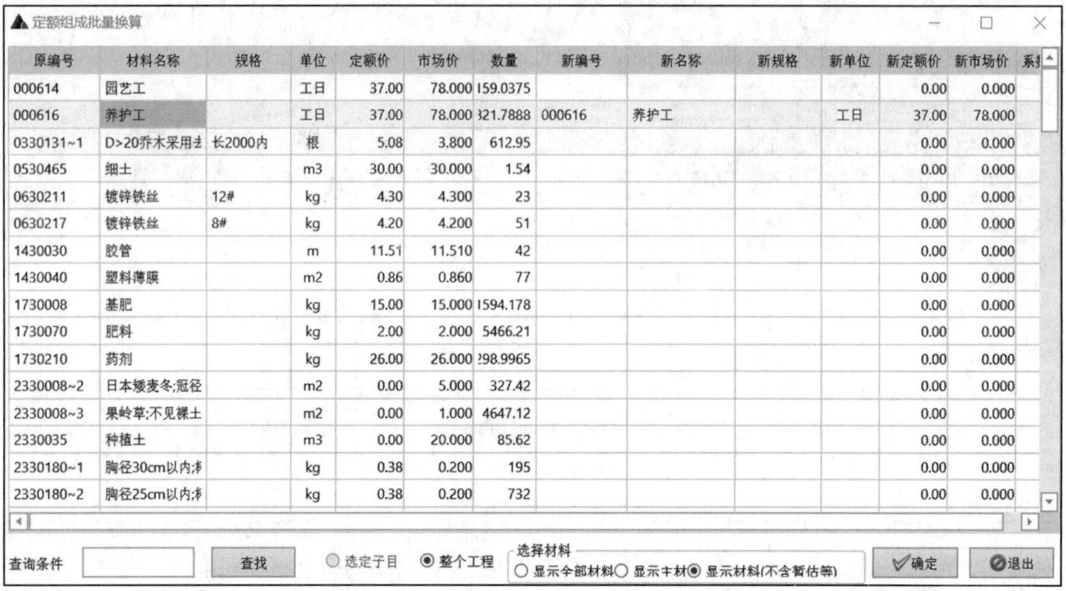

原编号	材料名称	规格	单位	定额价	市场价	数量	新编号	新名称	新规格	新单位	新定额价	新市场价
000614	园艺工		工日	37.00	78.000	159.0375					0.00	0.000
000616	养护工		工日	37.00	78.000	321.7888	000616	养护工		工日	37.00	78.000
0330131~1	D>20乔木采用±	长2000内	根	5.08	3.800	612.95					0.00	0.000
0530465	细土		m3	30.00	30.000	1.54					0.00	0.000
0630211	镀锌铁丝	12#	kg	4.30	4.300	23					0.00	0.000
0630217	镀锌铁丝	8#	kg	4.20	4.200	51					0.00	0.000
1430030	胶管		m	11.51	11.510	42					0.00	0.000
1430040	塑料薄膜		m2	0.86	0.860	77					0.00	0.000
1730008	基肥		kg	15.00	15.000	1594.178					0.00	0.000
1730070	肥料		kg	2.00	2.000	5466.21					0.00	0.000
1730210	药剂		kg	26.00	26.000	298.9965					0.00	0.000
2330008~2	日本矮麦冬;冠径		m2	0.00	5.000	327.42					0.00	0.000
2330008~3	果岭草;不见裸土		m2	0.00	1.000	4647.12					0.00	0.000
2330035	种植土		m3	0.00	20.000	85.62					0.00	0.000
2330180~1	胸径30cm以内;*		kg	0.38	0.200	195					0.00	0.000
2330180~2	胸径25cm以内;*		kg	0.38	0.200	732					0.00	0.000

图 6-41　批量换算

15. 预算书定额录入

组价过程中对定额进行换算后，下次从定额库录入该定额时仍需要进行换算。通过此功能可快速地录入本工程中已经换算好的定额，省去了重复换算的操作。

在项目编码中输入定额编码，软件会自动在下拉列表中显示定额库定额和预算书定额，其中预算书定额就是工程中编码一致且已经换算过的定额，直接选择即可录入，如图 6-42 所示。

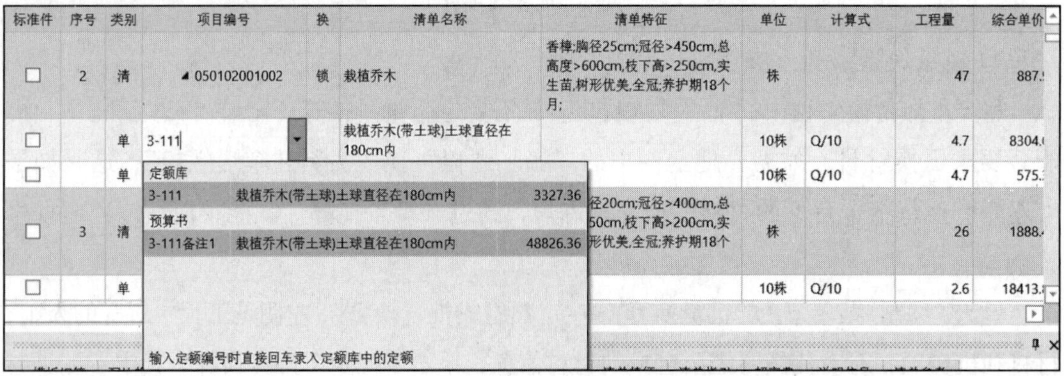

图 6-42　预算书定额录入

6.3　使用预算软件编制园林工程预算实训

6.3.1　实训目的

熟悉园林工程预算软件的运用。

6.3.2　实训内容

运用园林工程预算软件进行施工图预算。

6.3.3　实训准备与要求

《园林绿化工程工程量计算规范》(GB 50858—2013)、施工图纸、造价信息、计算机和园林预算软件等。

6.3.4　实训方法和步骤

（1）项目建立。

（2）分部、清单录入。

（3）套定额。

（4）定额换算。

（5）价格输入与修改。

（6）预算书编制。

（7）报表导出。

6.3.5　实训报告

根据某园林工程施工图及设计说明，运用预算软件，编制某园林工程预算书。

────❦ **学习笔记** ❦────

研讨与练习

1.查询本地区常用的几种预算软件，选择其中一套预算软件并安装。

_____

_____

_____

_____

_____

2.熟悉该预算软件的界面，根据相应内容编制一个简单的预算。

_____

_____

_____

_____

_____

项目 7 园林工程结算与竣工决算

7.1 园林工程结算

7.1.1 园林工程结算的概念和意义

园林工程结算是指一个单项工程、单位工程、分部工程或分项工程完工后，依据施工合同的有关规定，按照规定程序向建设单位收取工程价款的一项经济活动。

园林工程结算的主体是施工企业；园林工程结算的目的是施工企业向建设单位索取工程款，竣工结算也是建设项目建筑安装工程中的一项重要经济活动。正确、合理、及时地办理竣工结算，对于贯彻国家的方针、政策、财经制度，加强建设资金管理，合理确定、筹措和控制建设资金，高速优质完成建设任务，具有十分重要的意义。

7.1.2 园林工程结算的分类

园林工程结算应根据"竣工结算书"和"工程价款结算账单"进行，一般可分为园林工程价款结算和园林工程竣工结算两种。

园林工程价款结算是指施工企业在工程实施过程中，依据施工合同中有关条款的规定和工程进展所完成的工程量，按照规定程序向建设单位收取工程价款的一项经济活动。

园林工程竣工结算是指施工企业按照合同规定的内容，全部完成所承包的工程，经有关部门验收合格，并符合合同要求后，按照规定程序向建设单位办理最终工程价款结算的一项经济活动。

7.1.3 园林工程价款结算

1. 工程价款结算方式

我国现行工程价款结算根据不同情况，可采取多种方式。

1）按月结算

实行旬末或月中预支、月终结算、竣工后清算的方法。跨年度竣工的工程，在年终进行工程盘点，办理年度结算。我国现行建设工程价款结算中，相当一部分是实行这种按月结算。

2）竣工后一次结算

建设项目或单项工程全部建筑安装工程建设期在 12 个月以内，或者工程承包合同价值在 100 万元以下的，可以实行工程价款每月月中预支，竣工后一次结算。

3）分段结算

当年开工，当年不能竣工的单项工程或单位工程按照工程形象进度，划分不同阶段进行结算。分段结算可以按月预支工程款。分段的划分标准，由各部门、自治区、直辖市、计划单列市规定。

4）目标结款方式

在工程合同中，将承包工程的内容分解成不同的控制界面，以业主验收控制界面作为支付工程价款的前提条件。也就是说，将合同中的工程内容分解成不同的验收单元，当承包商完成单元工程内容并经业主（或其委托人）验收后，业主支付构成单元工程内容的工程价款。

目标结款方式下，承包商要想获得工程价款，必须按照合同约定的质量标准完成界面内的工程内容；要想尽早获得工程价款，承包商必须充分发挥自己的组织实施能力，在保证质量的前提下，加快施工进度。这意味着如果承包商拖延工期，则业主推迟付款，增加承包商的财务费用、运营成本，降低承包商的收益，客观上使承包商因延迟工期而遭受损失。同样，当承包商积极组织施工，提前完成控制界面内的工程内容，则承包商可提前获得工程价款，增加承包收益，客观上承包商因提前工期而增加了有效利润。同时，因承包商在界面内质量达不到合同约定的标准而业主不予验收，承包商也会因此而遭受损失。可见，目标结款方式实质上是运用合同手段、财务手段对工程的完成进行主动控制。

目标结款方式中，对控制界面的设定应明确描述，便于量化和质量控制，同时要适应项目资金的供应周期和支付频率。

5）结算双方约定的其他结算方式

施工企业在采用按月结算工程价款方式时，要先取得各月实际完成的工程数量，并按照工程预算定额中的工程直接费预算单价、间接费用定额和合同中采用利税率，计算出已完工程造价。实际完成的工程数量，由施工单位根据有关资料计算，并编制"已完工程月报表"，然后按照发包单位编制"已完工程月报表"，将各个发包单位的本月已完工程造价汇总反映。再根据"已完工程月报表"编制"工程价款结算账单"，与"已完工程月报表"一起，分送发包单位和经办银行，据以办理结算。

施工企业在采用分段结算工程价款方式时，要在合同中规定工程部位完工的月份，根据已完工程部位的工程数量计算已完工程造价，按发包单位编制的"已完工程月报表"和"工程价款结算账单"结算。

对于工期较短、能在年度内竣工的单项工程或小型建设项目，可在工程竣工后编制"工程价款结算账单"，按合同中工程造价一次结算。

"工程价款结算账单"是办理工程价款结算的依据。工程价款结算账单中所列应收工程款应与随同附送的"已完工程月报表"中的工程造价相符，"工程价款结算账单"除了列明应收工程款外，还应列明应扣预收工程款、预收备料款、发包单位供给材料价款等应扣款项，算出本月实收工程款。

为了保证工程按期收尾竣工，工程在施工期间，不论工程长短，其结算工程款一般不得超过承包工程价值的95%，结算双方可以在5%的幅度内协商确定尾款比例，并在工程承包合同中注明。施工企业如已向发包单位出具履约保函或有其他保证的，可以不留工程尾款。

"已完工程月报表"和"工程价款结算账单"的格式见表7-1和表7-2。

表7-1　已完工程月报表

发包单位名称：　　　　　　　　　　　　　年　月　日　　　　　　　　　　单位：元

单项工程和单位工程名称	合同造价	建筑面积	开竣工日期		实际完成数		备注
			开工日期	竣工日期	至上月（期）止已完工程累计	本月（期）已完工程	

施工企业：　　　　　　　　编制日期：　年　月　日

表7-2　工程价款结算账单

发包单位名称：　　　　　　　　　　　　　年　月　日　　　　　　　　　　单位：元

单项工程和单位工程名称	合同造价	本月（期）应收工程款	应扣款项			本月（期）实收工程款	尚未归还	累计已收工程款	备注
			合计	预收工程款	预收备料款				

施工企业：　　　　　　　　编制日期：　年　月　日

2. 工程预付款的结算

施工企业承包工程，一般都实行包工包料，这就需要有一定数量的备料周转金。在工程承包合同条款中，一般要明文规定发包单位（甲方）在开工前拨付给承包单位（乙方）一定限额的工程预付款。此预付款构成施工企业为该承包工程项目储备主要材料、结构件所需的流动资金。

按照我国有关规定，实行工程预付款的，双方应当在专用条款内约定发包方向承包方预付工程款的时间和数额，开工后按约定的时间和比例逐次扣回。预付时间应不迟于约定的开工日期前 7 日。发包方不按约定预付，承包方在约定预付时间 7 日后向发包方发出要求预付的通知，发包方收到通知后仍不能按要求预付，承包方可在发出通知后 7 日停止施工，发包方应从约定应付之日起向承包方支付应付款的贷款利息，并承担违约责任。

发包单位拨付给承包单位的预付款属于预支性质，到了工程实施后，随着工程所需主要材料储备的逐步减少，应以抵充工程价款的方式陆续扣回。在实际经济活动中，情况比较复杂，有些工程工期较短，就无须分期扣回。有些工程工期较长，如跨年度施工，预付款可以不扣或少扣，并于次年按应预付款调整，多退少补。具体地说，跨年度工程，预计次年承包工程价值大于或相当于当年承包工程价值时，可以不扣回当年的预付款；如小于当年承包工程价值时，应按实际承包工程价值进行调整，在当年扣回部分付款，并将未扣回部分转入次年，直到竣工年度，再按上述办法扣回。

3. 工程进度款的支付

工程进度款是指工程项目开工后，施工企业按照工程施工进度和施工合同的规定，以当月（期）完成的工程量为依据计算各项费用，向建设单位办理结算的工程价款。一般在月初结算上月完成的工程进度款。

1）工程进度款的组成

财政部制定的《企业会计准则——建造合同》中对合同收入的组成内容进行了解释。合同收入包括两部分内容。

（1）合同中规定的初始收入。即建造承包商与客户在双方签订的合同中最初商定的合同总金额，它构成了合同收入的基本内容。

（2）因合同变更、索赔、奖励等构成的收入。这部分收入并不构成合同双方在签订合同时已在合同中商定的合同总金额，而是在执行合同过程中由于合同变更、索赔、奖励等原因而形成的追加收入。

合同变更收入，包括因发包单位改变合同规定的工程内容或因合同规定的施工条件变动等原因，调整工程造价而形成的工程结算收入。如某项办公楼工程，原设计为钢窗，后发包单位要求改为铝合金窗，并同意增加合同变更收入 20 万元，则这项合同变更收入可在完成铝合金窗安装后与其他已完工程价款一起结算，作为工程结算收入。

索赔款是因发包单位或第三方的原因造成，由施工企业向发包单位或第三方收取的用于补偿不包括在合同造价中的成本的款项。如某施工企业与电力公司签订一份工程造价 2 000 万元的建造水电站的承包工程合同，规定建设期是 2019 年 3 月至 2022 年 8 月，发电机由发包单位采购，于 2021 年 8 月交付施工企业安装。该项合同在执行过程中，由于发包单位在 2022 年 1 月才将发电机运抵施工现场，延误了工期，经协商，发包单位同意支付延误工期款 30 万元，这 30 万元就是因发生索赔款而形成的收入，也应在工程价款结算时作为工程结算收入。

奖励款是指工程达到或超过规定的标准时，发包单位同意支付给施工企业的额外款项。如某施工企业与城建公司签订一项合同造价为 3 000 万元的工程承包合同，建设一条高速公路，合同规定建设期为 2020 年 1 月 4 日至 2022 年 6 月 30 日，在合同执行中于 2022 年 3 月工程已基本完工，工程质量符合设计要求，有望提前 3 个月通车，城建公司同意向施工企业支付提前竣工奖 35 万元。这 35 万元就是因发放奖励款而形成的收入，也应在工程价款结算时作为工程结算收入。

2）工程进度款的计算

工程进度款的计算主要涉及两个方面：一是工程量的计量；二是单价的计算方法。

（1）工程量的确认。根据有关规定，工程量的确认应做到以下几点。

① 承包方应按约定时间向工程师提交已完工程量的报告。工程师接到报告后 14 日内按设计图纸核实已完工程量（以下称计量），并在计量前 24h 通知承包方，承包方为计量提供便利条件并派人参加。承包方不参加计量，发包方自行进行，计量结果有效，作为工程价款支付的依据。

② 工程师收到承包方报告后 7 日内未进行计量，从第 8 日起，承包方报告中开列的工程量即视为已被确认，作为工程价款支付的依据。工程师不按约定时间通知承包方，使承包方不能参加计量，计量结果无效。

③ 工程师对承包方超出设计图纸范围和（或）因自身原因造成返工的工程量，不予计量。

（2）单价的计算。单价的计算方法主要根据由发包人和承包人事先约定的工程价格的计价方法决定。目前我国的工程价格的计价方法一般可以分为工料单价和综合单价两种。所谓工料单价法是指单位工程分部分项的单价为直接成本单价，按现行计价定额的人工、材料、机械的损耗量及其预算价格确定，其他直接成本、间接成本、利润、税金等按现行计算方法计算。所谓综合单价法是指单位工程分部分项工程量的单价是全部费用单价，既包括直接成本，也包括间接成本、利润、税金等一切费用。两者在选择时，既可采取可调价格的方式，即工程价格在实施期间可随价格变化而调整；也可采取固定价格的方式，即工程价格在实施期间不因价格变化而调整，在工程价格中已考虑价格风险因素并在合同中明确了固定价格所包括的内容和范围。实践中采用较多的是可调工料单价法和固定综合单价法。

3）工程进度款的支付

施工企业在施工过程中，按逐月（或形象进度，或控制界面等）完成的工程数量计算各项费用，向建设单位申请工程进度款的支付。

《建设工程施工合同（示范文本）》中对工程进度款支付作了如下详细规定。

（1）工程款（进度款）在双方确认计量结果后 14 天内，发包方应向承包方支付工程款（进度款）。按约定时间发包方应扣回的预付款，与工程款（进度款）同期结算。

（2）符合规定范围的合同价款的调整，工程变更调整的合同价款及其他条款中约定的追加合同价款，应与工程款（进度款）同期调整支付。

（3）发包方超过约定的支付时间不支付工程款（进度款），承包方可向发包方发出要求付款通知，发包方收到承包方通知后仍不能按要求付款，可与承包方协商签订延期付款协议，经承包方同意后可延期支付。协议须明确延期支付时间和从发包方计量结果确认后第 15 天起计算应付款的贷款利息。

（4）发包方不按合同约定支付工程款（进度款），双方又未达成延期付款协议，导致施工无法进行，承包方可停止施工，由发包方承担违约责任。

（5）工程进度款支付时，要考虑工程保修金的预留，以及在施工过程中发生的安全施工方面的费用、专利技术及特殊工艺涉及的费用、文物和地下障碍物涉及的费用。如图 7-1 所示。

图 7-1　工程进度款支付步骤

【例 7-1】　某园林工程承包合同总额为 1 200 万元，主要材料及构件金额占合同总额的 62.5%，预付备料款额度为 25%，预付款扣款的方法是以未施工工程尚需的主要材料及构件的价值相当于预付款数额时起扣，从每次中间结算工程价款中，按材料及构件比重抵扣工程价款。保留金为合同总额的 5%。2012 年上半年各月实际完成合同价值如表 7-3 所示。问如何按月结算工程款？

表 7-3　各月完成合同价值

月份	2 月	3 月	4 月	5 月
完成合同价值（金额）/万元	200	500	260	240

【解】

（1）计算预付备料款：1 200×25%＝300（万元）。

（2）求预付备料款的起扣点：

$$开始扣回预付备料款时的合同价值 = 1\ 200 - 300 \div 62.5\%$$
$$= 1\ 200 - 480$$
$$= 720（万元）$$

即当累计完成合同价值为 720 万元后，开始扣预付款。

（3）二月完成合同价值 200 万元，结算 200 万元。

（4）三月完成合同价值 500 万元，结算 500 万元，累计结算工程款 700 万元。

（5）四月完成合同价值 260 万元，到四月份累计完成合同价值 960 万元，超过了预付备料款的起付点。

四月份应扣回的预付备料款：$(960 - 720) \times 62.5\% = 150$（万元）。

四月份结算工程款：$260 - 150 = 110$（万元），累计结算工程款 810 万元。

（6）五月份完成合同价值 240 万元，应扣回预付备料款：$240 \times 62.5\% = 150$（万元），应扣 5% 的预留款：$1\ 200 \times 5\% = 60$（万元）。

五月份结算工程款为：$240 - 150 - 60 = 30$（万元），累计结算工程款 840 万元，加上预付备料款 300 万元，共结算 1 140 万元。预留合同总额的 5% 作为保留金。

7.1.4　园林工程竣工结算

1. 竣工结算的概念

竣工结算是指一个单位工程或单项工程完工，经业主及工程质量监督部门验收合格，在交付使用前由施工单位根据合同价格和实际发生的增加或减少费用的变化等情况进行编制，并经业主或其委托方签认的，以表达该项工程最终造价为主要内容，作为结算工程价款依据的经济文件。

竣工结算是在施工图预算的基础上，根据实际施工中出现的变更、签证等实际情况由施工企业负责编制的。

2. 竣工结算的作用

（1）竣工结算是施工单位与建设单位办理工程价款结算的依据。

（2）竣工结算是建设单位编制竣工决算的基础资料。

（3）竣工结算是施工单位统计最终完成工作量和竣工面积的依据。

（4）竣工结算是施工单位计算全员产值、核算工程成本、考核企业盈亏的依据。

（5）竣工结算是进行经济活动分析的依据。

3. 工程竣工结算的方式

（1）施工图预算加签证结算方式。该结算方式是把经过审定的原施工图预算作为工程竣工结算的主要依据。凡原施工图预算或工程量清单中未包括的"新增工程"，在施工过程中历次发生的由于设计变更、进度变更、施工条件变更所增减的费用等，经设计单位、建设单位、监理单位签证后，与原施工图预算一起构成竣工结算文件，交付建设单位经审计后办理竣工结算。

这种结算方式，难以预先估计工程总的费用变化幅度，往往会造成追加工程投资的现象。

（2）预算包干结算方式。预算包干结算也称施工图预算加系数包干结算，即在编制施工图预算的同时，另外计取预算外包干费。预算外包干费的计算公式为

$$预算外包干费 = 施工图预算造价 \times 包干系数$$

$$结算工程价款 = 施工图预算造价 \times （1 + 包干系数）$$

式中：包干系数由施工企业和建设单位双方商定，经有关部门审批确定。

在签订合同条款时，预算外包干费要明确包干范围。这种结算方式，可以减少签证方面的扯皮现象，预先估计总的工程造价。

（3）每平方米造价包干结算方式。这是承包发包双方根据预定的工程图纸及其有关资料，确定了固定的平方米造价，工程竣工结算时，按照已完成的平方米数量进行结算，确定应付的工程价款。

（4）招、投标结算方式。招标单位与投标单位按照中标报价、承包方式、承包范围、工期、质量标准、奖惩规定、付款及结算方式等内容签订承包合同。合同规定的工程造价就是结算造价。工程竣工结算时，奖惩费用、包干范围外增加的工程项目另行计算。

4. 竣工结算的资料

（1）施工图预算或中标价及以往各次的工程增减费用。

（2）施工全图或协议书。

（3）设计交底、图纸会审记录资料、设计变更通知单、图纸修改记录及现场施工变更记录。

（4）现场材料部门的各种经济签证。

（5）各地区对概预算定额材料价格、费用标准的说明、修改、调整等文件。

（6）工程竣工报告、竣工图及竣工验收单。

5. 编制内容及方法

工程竣工结算的编制基础随承包方式的不同而有差异。结算方法应根据各省市建设工程造价管理部门、当地园林管理部门和施工合同管理部门的有关规定办理工程结算。

（1）采用施工图预算承包方式在施工过程中不可避免地要发生一些变化，如施工条件和材料使用发生变化、设计变更、国家以及地方新政策的出台等，都会影响到原施工图预算价格的变动。因此这类工程的结算书是在原来工程预算书的基础之上，加上设计变更原因造成的增、减项目和其他经济签证费用编制而成的。

编制工程竣工结算书的具体内容如下。

① 工程量量差：施工图预算的工程数量与实际施工的工程数量不符而产生的量差（需增加或减少的工程量）。例如施工过程中，建设单位提出要求改变某些施工做法，如树木种类的变更，假山石外形、体量的变更，增减某些项目等。有时变化来源于施工单位，如施工单位在施工过程中要求改变某些材料等；设计单位对施工图进行设计修正或完善，这部分增减的工程量应根据设计变更通知单（见表7-4）或图纸会审记录进行调整等。

表 7-4　设计变更通知单

工程名称	变更图号		
变更原因			
变更内容			
执行结果			
设计单位	建设单位	监理单位	施工单位
签发人： （签字） 年　　月　　日	现场代表： （签字） 年　　月　　日	总监理工程师： （签字） 年　　月　　日	项目负责人： （签字） 年　　月　　日

② 费用调整：由于工程量的增减会影响直接费（各种人工、材料、机械价格）的变化，其间接费、利润和税金也应作相应的调整。

③ 材料价差调整：材料价差是指合同规定的工程开工至竣工期内，因材料价格增减变化而产生的价差（见表7-5）。

表 7-5　材料价格调整价差计算表

建设单位：

工程名称：

序号	材料名称	规格	单位	定额用量	供应价格		单价差计算式
					单价差	价差合计	
	合计						

材料价差的调整是调整结算的重要内容，应严格按照当地主管部门的规定进行调整。价必须根据合同规定的材料预算价格，或材料预算价格的确定方法，或按照有关机关发布的材料差价系数文件进行调整。材料代用发生的价差应以材料代用核定通知单为依据，在规定范围内调整。

④ 其他费用调整：因建设单位的原因发生的点工费、窝工费、土方运费、机械进出场费用等，应一次结清，分摊到结算的工程项目之中。施工单位在施工现场使用建设单位的水电费用，应在竣工结算时按有关规定付给建设单位，做到工完账清。

（2）采用招标承包方式这种工程结算原则上应按照中标价进行。合同条款的规定、允许以外发生的非施工单位原因造成的中标价以外的费用，施工单位可以向建设单位提出洽商或补充合同作为结算调价的依据。

（3）采用施工图预算包干或平方米造价包干结算承包方式采用该方式的工程，为了分清承发包双方的经济责任，发挥各自的主动性，不再办理施工过程中零星项目变动的经济洽商，在工程竣工结算时也不再办理增减调整。

总之，工程竣工结算，应根据不同的承包方式，按承包合同中所规定条文进行结算。工程竣工结算书没有统一的格式和表格，一般可以用预算表格代替，也可以根据需要自行设计表格。

6. 合同条款对于工程竣工结算的相关规定

工程竣工结算是指施工企业按照合同规定的内容完成所承包的全部工程，经验收质量合格，并符合合同要求之后，向发包单位进行的最终工程价款结算。《建设工程施工合同（示范文本）》中对竣工结算作了详细规定。

（1）工程竣工验收报告经发包方认可后 28 日内，承包方向发包方递交竣工结算报告及完整的结算资料，双方按照协议书约定的合同价款及专用条款约定的合同价款调整内容，进行工程竣工结算。

（2）发包方收到承包方递交的竣工结算报告及结算资料后 28 日内进行核实，给予确认或者提出修改意见。发包方确认竣工结算报告后向承包方支付工程竣工结算价款。承包方收到竣工结算价款后 14 日内将竣工工程交付发包方。

（3）发包方收到竣工结算报告及结算资料后 28 日内无正当理由不支付工程竣工结算价款，从第 29 日起按承包方同期向银行贷款利率支付拖欠工程价款的利息，并承担违约责任。

（4）发包方收到竣工结算报告及结算资料后 28 日内不支付工程竣工结算价款，承包方可以催告发包方支付结算价款。发包方在收到竣工结算报告及结算资料后 56 日内仍不支付的，承包方可与发包商将该工程折价，也可以由承包方申请人民法院将该工程依法拍卖，承包方就该工程折价或者拍卖的价款优先受偿。

（5）工程验收报告经发包方认可后 28 日内，承包方未能向发包方递交竣工结算报告及完整的结算资料，造成工程竣工结算不能正常进行或工程竣工结算价款不能及时支付，发包方要求交付工程的，承包方应当交付；发包方不要求交付工程的，承包方承担保管责任。

（6）发包方和承包方对工程竣工结算价款发生争议时，按争议的约定处理。在实际工作中，当年开工、当年竣工的工程，只需办理一次性结算。跨年度的工程，在年终办理一次年终结算，将未完工程结转到下一年度，此时竣工结算等于各年度结算的总和。

办理工程价款竣工结算的一般公式为

$$竣工结算工程价款 = 预算（或概算）或合同价款 + 施工过程中预算或合同价款调整数额 - 预付及已结算工程价款 - 保修金$$

7. 园林工程竣工结算的步骤

1）分部分项工程量清单项目工程数量的确定

（1）如合同约定工程量按实计算的，原分部分项工程量清单有的项目则根据竣工图和现场实际情况按合同规定的工程量计算规则计算，原分部分项工程量清单没有的项目（新增项目）工程量清单指引规定的工程量计算规则计算，经发包人或其委托的咨询单位工程师审定后，作为工程结算的依据。

（2）如合同约定工程量根据招标时施工图包干，只调整变更引起的工程量，则只计算变更联系单的增减工作量，计算方法同上一条，经发包人或其委托的咨询单位工程师审定后，作为工程结算的依据。

2）分部分项工程量清单项目综合单价的确定

（1）若施工中出现施工图纸（含设计变更）与工程量清单项目特征描述不符的，发承包双方应按新的项目特征确定相应工程量清单项目的综合单价。

（2）因部分分项工程量清单漏项或非承包人原因的工程变更，造成增加新的工程量清单项目，其对应的综合单价按下面方法确定。

① 合同中已有适用的综合单价，按合同已有的综合单价确定。

② 合同中有类似的综合单价，可以参照类似的综合单价确定。

③ 合同中没有适用或类似的综合单价，由承包人提出综合单价，经发包人或其委托的咨询单位工程师审定后执行。

（3）因非承包人原因引起的工程量增减，该项工程量变化在合同约定的幅度范围之内的，应执行原有的综合单价；该项工程量变化在合同约定的幅度范围外的，其综合单价及措施项目费应予以调整。

（4）若施工期内市场价格波动超出一定幅度时，应按合同约定调整工程价款；合同没有约定或者约定不明确的，应按省级或行业建设主管部门或其授权的工程造价管理机构的规定调整。

3）其他项目费的结算

（1）计日工应按发包人实际签证确认的事项计算。

（2）暂估价中的材料单价应按发、承包双方确定价格在综合单价中调整；专业工程暂估价应按中标价或发包人、承包人与分包人确定的价格计算。

（3）总承包服务费应依据合同约定金额计算，如发生调整，以发、承包双方确认调整的金额计算。

（4）索赔费用应依据发、承包双方确认的索赔事项和金额计算。

4）竣工结算填写表格

套用《建设工程工程量清单计价规范》（GB 50500—2013），园林工程竣工结算使用的表格包括竣工结算总价、总说明、工程项目竣工结算汇总表、单项工程竣工结算汇总表、单位工程竣工结算汇总表、分部分项工程量清单与计价表、措施项目清单与计价表、其他项目清单与计价表、零星工程量项目计价表、工程量清单综合单价分析表、材料（工程设备）暂估单价表、规费税金项目清单与计价表、索赔与现场签证计价汇总表、费用索赔申请（核准）表、现场签证表、工程款支付申请（核准）表等。

8. 工程竣工结算的审查

竣工结算要有严格的审查，一般从以下几个方面入手。

1）核对合同条款

首先，应核对竣工工程内容是否符合合同条件要求、工程是否竣工验收合格，只有按合同要求完成全部工程并验收合格才能竣工结算；其次，应按合同规定的结算方法、计价定额、取费标准、主材价格和优惠条款等，对工程竣工结算进行审核，若发现合同有开口或有漏洞，应请建设单位与施工单位认真研究，明确结算要求。

2）检查隐蔽验收记录

所有隐蔽工程均需进行验收，两人以上签证；实行工程监理的项目应经监理工程师签证确认。审核竣工结算时应核对隐蔽工程施工记录和验收签证，手续完整、工程量与竣工图一致方可列入结算。

3）落实设计变更签证

设计修改变更应由原设计单位出具设计变更通知单和修改的设计图纸、校审人员签字并加盖公章，经建设单位和监理工程师审查同意、签证；重大设计变更应经原审批部门审批，否则不应列入结算。

4）按图核实工程量

竣工结算的工程量应依据竣工图、设计变更单和现场签证等进行核算，并按国家统一规定的计算规则计算工程量。

5）执行定额单价

结算单价应按合同约定或招标规定的计价定额与计价原则执行。

6）防止各种计算误差

工程竣工结算子目多、篇幅大，往往有计算误差，应认真核算，防止因计算误差多计或少算。

7.1.5　工程款价差的调整

1. 工程款价差调整的范围

工程款价差是指建设工程所需的人工、设备、材料费等，因价格变化对工程造价产生的变化值。其调整范围包括建筑安装工程费、设备及工器具购置费和工程建设其他费用。其中，对建筑安装工程费用中的有关人工费、设备与材料预算价格、施工机械使用费和措施费及间接费调整规定如下。

（1）建筑安装工程费用中的人工费调整，应按国家有关劳动工资政策、规定及定额人工费的组成内容调整。

（2）材料预算价格的调整，应区别不同的供应渠道、价格形式，以及有关主管部门发布的预算价格及执行时间为准进行调整，同时应扣除必要的设备、材料储备期因素。

（3）施工机械使用费调整，按规定允许调整的部分（如机械台班费中燃料动力费、人工费，车船使用税及养路费）按有关主管部门规定进行调整。

（4）措施费、规费等的调整，按照国家规定的费用项目内容的要求调整，对于因受物价、税收、收费等变化的影响而使企业费用开支增大的部分，应适时在修订费用定额中予以调整。对于预算价格变动而产生的价差部分，可作为计取措施费和间接费的基数。但因市场调整价格或实际价格与预算价格发生的价差部分，不应计取各项费用。

2. 工程款价差调整的方法

（1）按实调整法。按实调整法是对工程实际发生的某些材料的实际价格与定额中相应材料预算价格之差进行调整的方法。其计算公式为

$$某材料价差 = 某材料实际价格 - 定额中该材料预算价格$$

$$材料价差调整额 = \sum（各种材料价差 \times 相应各材料实际用量）$$

（2）价格指数调整法。价格指数调整法是依据当地工程造价管理机构或物价部门公布的当地材料价格指数或价差指数，逐一调整各种材料价格的方法。

价格指数计算式为

$$某材料价格指数 = 某材料当地当时预算价 \div 某材料定额中取定的预算价$$

若用价差指数，其计算公式为

$$某材料价差指数 = 某材料价格指数 - 1$$

例如，某钢材在预算编制时当地价格为 3 200 元 /t，而该钢材在预算定额中取定的预算价是 2 500 元 /t，则其价格指数为

$$某钢材价格指数 = 3 200 \div 2 500 = 1.28$$

$$某钢材的价差指数 = 1.28 - 1 = 0.28$$

（3）调价文件计算法。这种方法是甲乙方采取按当时的预算价格承包，在合同工期内，按照造价管理部门调价文件的规定，进行抽料补差（在同一价格期内按所完成的材料用量乘以价差）。也有的地方定期发布主要材料供应价格和管理价格，对这一时期的工程进行抽查补差。

7.2　园林工程竣工决算

7.2.1　竣工决算的概念及分类

竣工决算是建设工程经济效益的全面反映，是项目法人核定各类新增资产价值、办理其交付使用的依据。一方面，竣工决算能够正确反映建设工程的实际造价和投资结果；另一方面，可以通过竣工决算与概算、预算的对比分析，考核投资控制的工作成效，总结经验教训，积累技术经济方面的基础资料，提高未来建设工程的投资效益。

竣工决算分为施工企业竣工决算和基本建设项目竣工决算，园林施工企业的竣工决算是企业内部对竣工的单位工程进行实际成本分析，反映其经济效果的一项决算工作。它是以单位工程的竣工结算为依据，核算其预算成本、实际成本和成本降低额，并编制单位工程竣工成本决算表，以总结经验，提高企业经营管理水平。基本建设项目竣工决算是建设单位根据《关于基本建设项目验收暂行规定》的要求，所有新建、改建和扩建工程建设项目竣工以后都应编报的竣工决算。它是反映整个建设项目从筹建到竣工验收投产的全部实际支出费用的文件。

7.2.2　园林工程竣工决算的内容

园林工程竣工决算是建设工程从筹建到竣工使用全过程中发生的所有实际支出，包括设备工器具购置费、建筑安装工程费和其他费用等。在建设项目或单项工程完工后，由建设单位财务及有关部门，以竣工结算、前期工程费用等资料为基础进行编制。竣工决算全面反映了建设项目或单项工程从筹建到竣工使用全过程中各项资金的使用情况和设计概（预）算执行的结果，它是考核建设成本的重要依据。园林工程竣工决算主要包括内容如表 7-6 所示。

表 7-6　园林工程竣工决算内容

表现形式	内　　容
文字说明	1. 工程概况； 2. 设计概算和建设项目计划的执行情况； 3. 各项技术经济指标完成情况及各项资金使用情况； 4. 建设工期、建设成本、投资效果等

续表

表现形式	内　　容
竣工工程概况表	将设计概算的主要指标与实际完成的各项主要指标进行对比，可采用表格的形式
竣工财务决算表	用表格形式反映出资金来源与资金运用情况
交付使用财产明细表	交付使用的园林项目中固定资产的详细内容，不同类型的固定资产应相应采用不同形式的表格。 例如，园林建筑等可用交付使用财产、结构、工程量（包括设计、实际）概算（实际的建设投资、其他基建投资）等项来表示。 设备安装可用交付使用财产名称、规格型号、数量、概算、实际设备投资、建设基建投资等项来表示

工程竣工决算与工程竣工结算不同，其主要区别如表 7-7 所示。

表 7-7　工程竣工结算与工程竣工决算的区别

区别项目	工程竣工结算	工程竣工决算
编制与审查单位	承包方编制，发包方审查	发包方编制，上级主管部门审查
包含内容	施工建设的全部费用，最终反映施工单位完成的施工产值	建设工程从筹建开始到竣工交付使用为止的全部建设费用。最终反映建设工程的投资效益
性质和作用	1. 承包方与业主办理工程价款最终结算的依据； 2. 双方签订的工程承包合同终结的凭证； 3. 业主编制竣工决算的主要资料	1. 业主办理交付、验收、动用新增各类资产的依据； 2. 竣工验收报告的重要组成部分

7.2.3　竣工决算的编制依据

（1）经批准的可行性研究报告及其投资估算书。

（2）经批准的初步设计或扩大初步设计及其概算或修正概算书。

（3）经批准的施工图设计及其施工图预算书。

（4）设计交底或图纸会审会议纪要。

（5）招投标的标底、承包合同、工程结算资料。

（6）施工记录或施工签证单及其他施工发生的费用记录，如索赔报告与记录、停（开）工报告等。

（7）竣工图及各种竣工验收资料。

（8）历年基建资料，历年财务决算及批复文件。

（9）设备、材料调价文件和调价记录。

（10）有关财务核算制度、办法和其他有关资料、文件等。

7.2.4　竣工决算的编制步骤

按照财政部印发的财基字〔1998〕4 号关于《基本建设财务管理若干规定》的通知

要求，竣工决算的编制步骤如下。

（1）收集、整理、分析原始资料。在编制竣工决算文件之前，应系统地整理所有的技术资料、工料结算的经济文件、施工图纸和各种变更与签证资料，并分析它们的准确性。完整、齐全的资料是准确而迅速编制竣工决算的必要条件。

（2）对照、核实工程变动情况，重新核实各单位工程、单项工程造价。将竣工资料与原设计图纸进行查对、核实，必要时可实地测量，确认实际变更情况；根据经审定的施工单位竣工结算等原始资料，按照有关规定对原概（预）算进行增减调整，重新核定工程造价。

（3）将审定后的待摊投资、设备工器具投资、建筑安装工程投资、工程建设其他投资严格划分和核定后，分别计入相应的建设成本栏目内。

（4）编制竣工财务决算说明书，力求内容全面、简明扼要、文字流畅、说明问题。

（5）填报竣工财务决算报表。

（6）做好工程造价对比分析。

（7）清理、装订好竣工图。

（8）按国家规定上报、审批、存档。

7.3 园林工程结算模拟实训

7.3.1 实训目的

通过进行园林工程结算的模拟，熟悉园林工程预付款和进度款的计算，掌握工程竣工结算编制的依据与方法。

7.3.2 实训内容

（1）工程预付款与进度款的计算。

（2）编制园林工程竣工结算文件。

7.3.3 实训准备与要求

主要包括笔、纸、计算器，某园林工程图纸、园林工程预算书、设计变更通知单和施工现场工程变更洽商记录等。

7.3.4 实训方法和步骤

1. 工程预付款与进度款的计算

（1）学生根据任课教师确定的每月已完成的工作量，计算各月的工程进度款。

（2）确定主要材料及构件占合同总额的百分比和材料储备定额天数，分别计算出工程预付款、起扣点、各月结算的工程款。

2.编制园林工程竣工结算文件

（1）任课教师给出该工程施工过程中发生的变化，包括设计变更、发生特殊情况、预算工程量不准确、人材机单价的调整、费用的调整等。

（2）收集编制结算的依据资料、分类汇总。

（3）确定该工程竣工结算方式。

（4）根据承包方式的不同编制工程竣工结算。

7.3.5　实训报告

编制某园林工程结算书。

学习笔记

研讨与练习

1. 什么叫园林工程结算？目前我国常用的结算方式有哪些？

2. 什么叫工程备料款？它的数额大小与哪些因素有关？

3. 某单位园林工程承包合同价为 350 万元，其中主要材料和构件占合同价的 62%，材料储备天数为 65 天，年度施工天数按 365 天计算，试计算：

（1）工程预付款为多少？

（2）工程预付款的起扣点为多少？

4. 什么叫工程竣工结算？它一般分为几种？

5. 简述竣工结算的依据与编制方法。

6. 竣工结算编制后要有严格的审查，一般从哪几个方面入手？

7. 什么叫竣工决算？它如何分类？

8. 工程竣工决算的内容包括哪些？

参 考 文 献

［1］黄顺.园林工程预决算［M］.北京：高等教育出版社，2020.

［2］廖伟平，孔令伟.园林工程招投标与概预算［M］.重庆：重庆大学出版社，2013.

［3］张朝阳，张蕊.园林工程招投标及预决算［M］.郑州：黄河水利出版社，2020.

［4］何辉，吴瑛.园林工程计价与招投标［M］.北京：中国建筑工业出版社，2009.

［5］吴立威，徐卫星.园林工程招投标与预决算［M］.北京：科学出版社，2016.

［6］祝遵凌，罗镪.园林工程造价与招投标［M］.北京：中国林业出版社，2010.

［7］白远国，澹台思鑫.园林工程预决算［M］.北京：化学工业出版社，2009.

［8］张国栋.图解园林绿化工程工程量清单计算手册［M］.北京：机械工业出版社，2017.

［9］江苏省建设厅.江苏省仿古建筑与园林工程计价表［M］.南京：江苏人民出版社，2007.

［10］江苏省住房和城乡建设厅.江苏省城市园林绿化养护管理计价定额［M］.南京：东南大学出版社，2017.

附　录

附录 1　工程建设项目施工招标投标办法（2013 年修订）

附录 2　园林绿化工程工程量计算规范（GB 50858—2013）

附录 3　2007 江苏省仿古建筑与园林工程计价表